CONSEILS

AUX

CHASSEURS

MANIÈRE DE PEUPLER
ET D'ENTRETENIR UNE CHASSE DE MENU GIBIER. — GIBIER. —
ÉLÈVE DU GIBIER. — CHASSE. —
DRESSAGE DES CHIENS DE CHASSE. — BRACONNIERS,
LEURS ENGINS ET MANIÈRE DE LES COMBATTRE.
— OISEAUX DESTRUCTEURS DE GIBIER.

PAR

CHARLES BÉMELMANS

GARDE CHASSE.

PRIX : 3 FRANCS.

EN VENTE

A PARIS   CHEZ L'AUTEUR
CHEZ TOUS LES ARMURIERS   A CHENNEVIÈRE-SUR-MARNE
                            (Seine-et-Oise).

1866

CONSEILS

CHASSEURS

CAMBRAI. — IMPRIMERIE DE RÉGNIER-FAREZ.

CONSEILS

AUX

CHASSEURS

MANIÈRE DE PEUPLER
ET D'ENTRETENIR UNE CHASSE DE MENU GIBIER. — GIBIER. —
ÉLÈVE DU GIBIER. — CHASSE. —
DRESSAGE DES CHIENS DE CHASSE. — BRACONNIERS,
LEURS ENGINS ET MANIÈRE DE LES COMBATTRE.
— OISEAUX DESTRUCTEURS DE GIBIER.

PAR

CHARLES BÉMELMANS

GARDE CHASSE.

———o—◇—o———

EN VENTE

A PARIS	CHEZ L'AUTEUR
CHEZ TOUS LES ARMURIERS	A CHENNEVIÈRE-SUR-MARNE
—	(Seine-et-Oise).

1866

DÉDICACE

MESSIEURS,

J'appartiens à la famille qui, peut-être, a fourni le plus de gardes-chasse à la France; en effet, je puis presque dire que, depuis deux siècles, mes ancêtres ont été gardes de père en fils. Depuis près de vingt ans que je suis à votre service, j'ai dressé plus de trois cents chiens, et j'ai peuplé et entretenu vos propriétés de gibiers de toutes espèces que, dès mon enfance, j'ai appris à connaître et à élever. Pendant mes rondes de nuit, j'ai déjoué et arrêté de nombreux braconniers, j'ai eu à lutter contre tous les engins et contre toutes les ruses possibles employés par ces terribles ennemis du gibier. Aussi, encou-

ragé par vos conseils, Messieurs, ai-je cru pouvoir
tenter de résumer, en quelques lignes, mes connais-
sances, résultats des leçons de ma jeunesse, et de
l'expérience acquise à votre service.

Permettez-moi donc, Messieurs, de vous dédier,
à titre de remerciements et de reconnaissance, ce
petit traité où, j'ose l'espérer, vous trouverez quelques aperçus nouveaux , principalement sur *l'élève
du gibier, le dressage des chiens de chasse,* et si je
puis m'exprimer ainsi, sur *les roueries du bracon-
nage.*

Prenez ce nouveau-né sous votre protection, Messieurs, et vous créerez une nouvelle dette de reconnaissance,

A votre très-dévoué et très-respectueux garde,

CH. BÉMELMANS,

GARDE-CHASSE A CHENNEVIÈRES.

Chennevières-sur-Marne, le 1er novembre 1865.

DE LA MANIÈRE

DE

PEUPLER ET D'ENTRETENIR UNE CHASSE

DE MENU GIBIER.

Si le gibier n'avait à lutter que contre les chasseurs et les braconniers, la science du garde-chasse se réduirait à peu de chose ; mais ce que beaucoup de personnes ignorent, c'est que les plus grands ennemis du gibier sont les pluies, les cultivateurs, les chiens-errants et les bêtes fauves qui détruisent tous les ans des quantités considérables de nichées de perdreaux, de faisans, et surtout de levrauts et de lapereaux ; aussi le garde doit-il employer tous les moyens possibles, non-seulement pour conserver le gibier dans la chasse qui .ui est confiée, mais encore pour la repeupler. Guidé par notre expérience, nous allons essayer de donner quelques conseils à ce sujet, avant d'aborder les questions que nous avons l'intention de traiter.

Avant toute chose un garde devra toujours s'arranger de manière à laisser dans son bois une quantité de gibier de toutes espèces suffisante pour la reproduction ; de même, certains carrés du bois devront être respectés par les chasseurs, afin d'assurer au gibier une retraite où le garde portera de temps en temps et principalement pendant l'hiver des grains mêlés de menue paille. Si cependant ces carrés étaient trop encombrés de lapins, il faudrait les en détourner en les entourant de panneaux de grand matin avant qu'ils ne soient rentrés de la plaine ; de cette façon les lapins trouvant la route barrée, s'éloigneront bientôt dans d'autres parties du bois où il sera facile de les fusiller.

Lorsqu'une chasse est trop exposée aux braconniers, il est bon de prendre des faisans à la mue et de les conserver en volière ; l'espace doit être de un mètre carré par faisan ; une partie de la volière sera couverte pour que les faisans puissent se mettre à l'abri de la pluie. Par les grands froids, elle devra être entourée de paillassons.

La mue doit être employée vers le mois d'octobre pour prendre les faisans qui s'éloignent trop du centre des bois, et pour les mettre ainsi à l'abri des braconniers.

La mue est une espèce de cage à poulets, vulgairement appelée *cageron;* rien n'est plus simple à tendre.

Après avoir bien nettoyé ou pioché une place du bois, et y avoir posé la mue, vous la maintenez élevée d'un côté à une hauteur de trente centimètres environ, par trois petits bâtons, formant le chiffre 4, et vous répandez dessous une poignée de grains. Le faisan très-gourmand ne tardera pas à arriver dessous la mue, et bientôt, en mettant la patte sur l'un des petits bâtons, fera tomber la mue, et se trouvera enfermé.

Il n'est pas rare de prendre ainsi plusieurs faisans à la fois; on les fera alors passer l'hiver dans une volière pour les faire reproduire et les mettre à l'abri des braconniers à la perchée.

Le garde doit aussi appliquer tous ses soins à détruire les bêtes fauves; c'est principalement pendant l'hiver, lorsque la terre est couverte de neige que l'on peut arriver à reconnaître les traces de ces destructeurs de gibier, et arriver en suivant leurs pas, à découvrir leur retraite. Dans les chapitres relatifs aux animaux braconniers, le lecteur trouvera tous les moyens employés pour les combattre.

Ce que nous avons dit pour le bois relativement

à la reproduction, doit être appliqué également à la plaine; ainsi, à partir du mois de janvier, on ne doit plus tuer ni lièvres, ni perdrix, car les hâses commencent à être pleines, et les perdrix s'apparient. Cependant vous pouvez tirer le coq qui, au commencement de la pariade, se lève toujours le dernier, tandis qu'à la fin, il se lève toujours le premier. C'est vers la dernière quinzaine de mars que l'on doit lâcher les faisans et les pariades que l'on peut avoir en volière. Le garde doit veiller avec le plus grand soin aux nichées de faisans et de perdreaux; il doit être impitoyable pour les chercheurs de nids qui vont dans les bois et dans la plaine, sous le prétexte de couper de l'herbe et de cueillir du muguet ou des fraises.

Les échardonneuses et les pierreuses, enfin, les rouleurs de blé et d'avoine devront également être l'objet de tous les soins du garde. Il devra, en outre, toujours faire couver les œufs de perdrix et de faisans découverts par les faucheurs.

Il ne faudra jamais laisser dans les remises de grands arbres qui permettraient aux oiseaux de proie de s'y percher au lieu d'aller sur les poteaux destinés à leur tendre des piéges. Du reste, les grands arbres, par l'ombre qu'ils font la nuit, donnent la facilité aux braconniers de prendre les perdreaux à la pentière. C'est une règle qui devrait toujours être observée par les personnes qui plantent

des remises. Nous ne saurions, en outre, trop recommander d'avoir le soin de toujours les entourer
de haies vives; de cette façon, le garde trouvera
sous sa main toutes les épines nécessaires pour
épiner la plaine voisine; les bestiaux eux-mêmes,
rencontrant ces obstacles, ne pourront pas pénétrer
dans les remises et effrayer le gibier.

Si la plaine n'est pas suffisamment garnie de
remises, il sera encore bon d'y placer de temps
en temps des petits buissons formés de branches
d'arbres feuillues et d'épines pour donner au gibier
une retraite qui les garantisse de la vue si perçante
des oiseaux de proie.

Vers le 1er mai, les braconniers commencent leur
travail de destruction, le garde doit employer tous
ses soins contre ces terribles ennemis; aussi, es-
sayerons-nous plus loin de donner quelques détails
sur leurs engins et sur les moyens qui peuvent
être mis en usage pour les combattre.

GIBIER A POIL.

Le sanglier.

Le sanglier n'est autre que le porc sauvage; du reste il lui ressemble beaucoup; il est ordinairement noir.

Les pas du sanglier diffèrent de ceux du porc, en ce que celui-ci ne pose pas comme le sanglier les pattes de derrière dans les pas de devant.

La femelle se nomme *laie;* elle fait ordinairement une portée tous les ans.

Après s'être accouplée vers le mois de février, la laie porte quatre mois et fait de six à huit petits ou *marcassins,* qu'elle allaite pendant environ trois mois. A un an ou deux les marcassins quittent leur mère pour vivre en bande et sont dits *bêtes de compagnie.* A deux ans et demi on les appelle *ragot;* à trois ans, *tiers ans,* à quatre ans, *quart ans,* à cinq ans, *grand sanglier,* et enfin *solitaire,* à partir de six ans jusqu'à vingt-cinq, limite de leur vie.

Comme le porc, le sanglier mangerait ses petits s'ils n'étaient défendus par leur mère.

Il est rare que dans une chasse au sanglier avec des chiens, beaucoup de ces derniers ne soient pas ou tués ou blessés.

Le sanglier ne se tire qu'à balle ou avec des lingots, mais une balle seule sur la poudre est toujours préférable, le coup est plus juste.

Le sanglier a la vie très-dure; on en a vu résister encore avec sept ou huit balles dans le corps.

Il ne court sur le chasseur que lorsqu'il est blessé à mort ou lorsqu'on va l'attaquer de trop près; aussi suffit-il de se déranger de son passage pour éviter tout danger. Nous avons cependant souvent entendu raconter par notre père, qu'un garde avec lequel il avait maintes fois chassé le sanglier dans la forêt d'Enghien en Champagne, avait eu deux fois le ventre ouvert par un de ces animaux; ce pauvre diable avait échappé à la mort et en avait été quitte pour deux fortes coutures.

Le sanglier exerce de terribles ravages dans les champs cultivés et cause de grands dommages aux cultivateurs. Il va toujours par bandes, et quant il a dévasté toute une contrée, et qu'il n'y trouve plus sa subsistance, il la quitte pour recommencer ailleurs; aussi organise-t-on contre lui, dès qu'il apparaît, de grandes chasses en battue.

La chair du sanglier est assez coriace; elle est

difficile à digérer; aussi pour l'attendrir, la fait-on
mariner. Notre père et ses camarades avaient l'habitude de la saler comme de la viande de porc; mais
quand arrivait l'époque du rut, la chair se gonflait
et sentait très-fort. La hure est le seul morceau
qui soit véritablement estimé.

Le chevreuil.

Le chevreuil tient du cerf et de la chèvre; il a
l'ouïe et la vue très-fines; il voit la nuit et est très-
vite, ce qui le rend fort difficile à tirer lorsqu'il
traverse une route qu'il franchit quelquefois d'un
seul bond. Sous bois, la difficulté est moins grande;
le chasseur doit du reste être toujours prêt à mettre
en joue, car au moment où il s'y attend le moins,
le chevreuil passe comme une flèche.

La chevrette fait tous les ans une portée d'un ou
deux petits qu'elle allaite.

Le chevreuil et la chevrette se sont fidèles toute
leur vie. Le père, la mère et les petits restent toujours ensemble et ne se mêlent jamais à d'autres
chevreuils, excepté à l'époque du rut où le père
chasse ceux de ses enfants qui sont en état de se
reproduire.

Le chevreuil, un peu plus petit que le cerf, se
chasse comme ce dernier, il s'écarte moins; aussi
un bon chien basset suffit-il pour le faire tuer, on

le chasse aussi en battue, et principalement au chien courant.

On peut tuer un chevreuil avec du plomb à lièvre.

Aussitôt qu'un brocart (nom que l'on donne au chevreuil lorsqu'il est arrivé à sa troisième année) est tué, il faut avoir soin de détacher les parties génitales, afin de préserver la chair de toute mauvaise odeur.

On reconnaît facilement qu'un bois est fréquenté par le chevreuil, aux traces qu'il laisse en grattant la terre avec ses pieds et aux arbres dont il a enlevé l'écorce avec sa tête.

C'est le soir et le matin sur les lisières du bois, aux environs des grands carrefours, des places à charbon et des grandes mares que les affuteurs ont l'habitude d'attendre les chevreuils.

La chair de cet animal est très-estimée.

Le lièvre.

Le lièvre a le poil plus long que le lapin et tirant sur le roux ; ses oreilles assez longues sont droites. Les levrauts ont le ventre blanc, les lièvres l'ont roux.

Les plus grands sont les lièvres des montagnes ; ceux de plaine sont les meilleurs. Les lièvres ladres sont ceux qui habitent les endroits marécageux ; ils sont les moins estimés.

Cet animal a l'ouïe très-fine; le moindre bruit l'épouvante; il ne voit pas devant lui. Le bouquin s'écarte plus que la hâse, et fait beaucoup plus de chemin qu'elle; mais il revient toujours à l'endroit où il est né.

La hâse porte un mois; elle fait deux ou trois portées par an de un ou deux petits et rarement trois; elle les dépose dans un pas de cheval ou dans un autre trou du même genre et les allaite pendant un mois. Les levrauts vont ensuite eux-mêmes chercher leur nourriture. La nuit, par le clair de lune, on les voit sur le bord du bois sauter, jouer et courir les uns après les autres; le jour ils rentrent au gîte et dorment les yeux ouverts.

A l'ouverture de la chasse en plaine, on chasse le lièvre au chien d'arrêt. Le lièvre connaît parfaitement les changements de temps; il est très-rusé. S'il fait chaud, vous le rencontrerez à l'abri du soleil dans les regains, dans les betteraves, dans les champs de pommes de terre, dont les pampres seront encore verts, et même dans un chaume s'il s'y trouve des chardons. Au commencement du printemps, il se tient dans les seigles et les blés vert. Le lièvre ne se met jamais dans un fourré quand le temps est à la pluie, il craindrait trop d'être mouillé par l'eau qui tombe des branches et des feuilles, ce jour-là il gîtera de préférence dans un nouveau labour, et même dans un vieux surtout s'il y trouve du fumier, et si ce champ est nouvellement hersé, ou bien encore sur la berge d'un fossé, dans une ancienne carrière, et enfin dans une prairie sur un tas de pierres. Par les grands vents et pendant l'hiver, quand le froid est rigoureux, il cherche un abri, soit au bois, soit en plaine dans les buissons.

Le bouquin se lève quelquefois sous vos pieds, tandis que la hâse se lève toujours du plus loin qu'elle vous aperçoit.

Il est cependant bon de remarquer que les ruses et les coutumes du lièvre varient suivant son âge et suivant la saison ; ainsi les jeunes lièvres, tant qu'ils ne sont que levrauts, ne quittent jamais la contrée où ils sont nés. De même, à la saison des amours, l'ardeur du lièvre est telle que l'on ne peut plus, en aucune façon, tenir compte des renseignements que nous venons de donner ; souvent il se gîte au premier endroit venu, et il n'est pas rare de rencontrer dans une seule pièce cinq à six lièvres gîtés ou rasés tout près l'un de l'autre.

Les lièvres ladres se plaisent dans les endroits humides et marécageux, dans les mares, sur les buttes de jonc et au bord des étangs ; il n'est pas rare de trouver de l'eau dans leur gîte.

La chasse du lièvre aux chiens courants n'est vraiment agréable que lorsque le lièvre est déjà vieux et qu'il est en état de ruser et de se défendre.

La chair du lièvre a bon goût, elle est rouge et peu nourrissante; son sang est très-abondant on l'ajoute à la sauce du civet. Le lièvre mariné et rôti est un excellent manger.

Le lapin de garenne.

Le lapin est plus petit que le lièvre; il est d'un pelage plus gris, et a le dessous de la queue blanc; on en trouve cependant qui ont le poil jaune.

Le lapin se plaît dans les garennes, dans les bois, dans les vieilles carrières, dans les tas de pierres; enfin dans tous les endroits qui peuvent le soustraire à la vue du chasseur.

On faisait autrefois très-peu de cas de ce gibier que les gardes étaient chargés de détruire. Les autres gibiers étaient tellement abondants que les grands seigneurs dédaignaient de chasser le lapin.

Dès l'âge de six mois environ, cet animal est en état d'engendrer.

La femelle porte trente jours et fait de un à six petits; mais plus généralement de trois à quatre. Lorsqu'elle se sent sur le point de mettre bas, la femelle va de préférence chercher en plaine un endroit convenable où elle creuse une *raboullière,* espèce de trou d'un mètre de profondeur; elle y porte de l'herbe, se dépouille de son poil et en fait un bon lit; elle referme ensuite, avec ses pattes, l'entrée de la raboullière de telle façon, qu'à moins d'être très-connaisseur, il est impossible de la découvrir. Au bout de quelques jours elle vient y déposer ses petits qu'elle allaite la nuit pendant un mois environ ; tous les matins avant le jour, elle rebouche l'entrée de la raboullière et retourne au bois. Lorsque les petits commencent à voir clair, elle leur laisse un petit jour pour leur donner de l'air.

Il n'est pas rare qu'une lapine fasse plusieurs portées dans la même raboullière. Nous avons vu dans une garenne une raboullière qui, à peine abandonnée la veille par ses petits locataires, avait déjà le lendemain donné asile à une nouvelle portée.

C'est ordinairement au printemps que le lapin multiplie le plus ; cependant la femelle peut recevoir le mâle en tous.temps.

Le lapin a beaucoup plus de ressources que le lièvre pour échapper au danger ; il creuse des terriers où il se sauve lorsqu'il est poursuivi, et se réfugie l'hiver par les froids rigoureux.

Le lapin se tient dans les endroits les plus fourrés du bois ; par les temps humides, on les trouve sur les berges de fossés, surtout près des routes, et en hiver dans les chablis, c'est-à-dire dans les bois coupés et jetés à terre par les bûcherons. Le lapin, lorsqu'il est mouillé, évite de se terrer ; aussi, après une nuit ou une matinée pluvieuse, est-on toujours sûr de le trouver hors du terrier.

Dans la belle saison, les lapins sortent de leur gîte pour prendre leur repas vers trois ou quatre heures du soir; on les voit alors dans les allées du bois et autres endroits où ils peuvent trouver leur nourriture. Ils retournent ensuite au terrier pour en sortir à la nuit tombante et n'y rentrer qu'au petit jour.

Le lapin ne quitte jamais la contrée où il est né ; un mâle fait dans une nuit par ses allées et venues, plus de vingt kilomètres.

Ce petit animal court très-vite, mais se fatigue de suite.

La chasse du lapin au fusil avec des chiens bassets offre un plaisir toujours certain et peu fatiguant; car le lapin, avant de se terrer, tourne quelque temps dans la même enceinte et ne s'écarte pas comme le lièvre; aussi, pour le tirer, suffit-il de se placer sur les buttes des terriers les plus fréquentés de l'endroit; le lapin revient toujours passer presque aussitôt par l'endroit où il a été levé.

En le chassant au chien d'arrêt dans les bois où il abonde, on a bientôt rempli son carnier.

Pour la chasse au furet, nous renverrons le lecteur à l'article *furetage*.

La chair du lapin de garenne est bien supérieure à celle du lapin domestique; elle est plus nourrissante que celle du lièvre. Les lapins de plaine sont toujours plus gras et meilleurs que ceux des bois.

GIBIÈR A PLUME.

—

Le faisan.

Le faisan n'a été connu en Europe que vers le XIVᵉ siècle, encore à cette époque ne pouvait-il figurer que sur la table des rois.

Les peines les plus sévères étaient édictées contre quiconque abattait un faisan. Nous nous souvenons encore avoir entendu raconter que notre grand-père, garde d'un grand seigneur, surprit un jour un pauvre vigneron, jetant des pierres à des faisans qui lui mangeaient ses raisins. La terreur de ce malheureux pris en flagrant délit, fut telle, qu'il se précipita aux genoux de notre grand-père, et qu'il lui aurait presque baisé les mains pour obtenir que son crime ne fût pas dévoilé.

Le faisan tire son nom du Phase, fleuve de la Colchide, pays d'où il est originaire. C'est de là qu'il fut apporté en Europe dans les parcs royaux, et que peu à peu, il se perpétua et passa dans les forêts et dans les bois des particuliers. Fort longtemps encore il fut inconnu des environs de Paris; mais maintenant, dans aucun endroit, il n'est aussi répandu que dans la zône qui entoure Paris à soixante kilomètres à la ronde.

Le faisan est un oiseau aussi beau que le paon; cependant sa queue est moins élégante.

Le faisan est de la grosseur d'un coq ordinaire de basse-cour; sa démarche est fière; son plumage éblouissant imite l'or avec un mélange de quatre ou cinq belles couleurs : le vert, le rouge, le brun et le cendré. — Il a la tête et le cou garnis de petites plumes vertes; le dessus de la tête est cendré; un beau rouge écarlate entoure ses deux yeux, et deux petits bouquets de plumes vertes dorées forment au-dessus de ses oreilles, deux cornes qui se relèvent et se rabattent à volonté. Sa gorge et sa poitrine, d'un fond rouge ou jaune foncé, sont garnies de petites raies brunes; sur le dos, il a quelques plumes dont les extrémités forment pour ainsi dire des petits cœurs de couleur blanc sale. Le faisan a la queue très-longue, garnie de raies brunes à égale distance.

Plus cet oiseau vieillit, plus ses nuances deviennent foncées.

Le faisan a les ailes courtes, ce qui rend son **vol** bruyant et lourd.

La poule faisane, moins grosse que le coq, est

grise ; son plumage ressemble à celui de la caille ou de l'alouette, quoique d'un gris plus foncé. En vieillissant, la gorge et le cou de la poule deviennent roussâtres, et bientôt prennent une couleur violet luisant et comme pailleté d'or ; toutes les parties de son corps sont mouchetées de taches brunes plus ou moins larges.

Il y a plusieurs variétés de faisans : le faisan doré, le faisan blanc, le faisan argenté, le faisan cendré, le faisan de l'Inde et le faisan commun, celui dont nous devons nous occuper au point de vue de la chasse.

Nos faisans communs n'avaient pas autrefois de collier, mais presque tous, aujourd'hui, ont un collier blanc, ce qui les embellit encore. Nous tuons quelquefois, dans nos pays, des espèces de *métis,* qui ne sont autres que des faisans communs dégénérés par l'accouplement avec les autres variétés, mais qui, cependant, ne pourraient pas reproduire leurs couleurs.

On distingue le faisan de l'année d'avec un vieux, de différentes manières : chez le jeune faisan, la première plume du fouet de l'aile finit en pointe, et l'ergot du pied est rond et obtus, tandis que chez le vieux, la plume est arrondie et l'ergot, pointu. Vous pouvez encore prendre la partie inférieure du bec de la bête abattue avec le doigt et le pouce pour la soulever ; si cette partie du bec plie sous votre doigt, vous êtes sûr de tenir un faisan de l'année.

Le faisan est niais, et a la stupidité du dindon ; il se laisse prendre facilement à tous les piéges, et cependant il se défie de l'homme. Il est très-gourmand ; aussi lorsqu'il a trouvé dans un endroit une nourriture délicate et abondante, il y retourne tous les jours et bientôt même y arrive suivi de plusieurs autres. Aussi voit-on fréquemment des propriétaires de bois qui font des élèves en grande quantité, ne pouvoir conserver un seul faisan, parce que leurs voisins, les propriétaires de plaine, savent attirer cet oiseau gourmand en leur fournissant toutes espèces de friandises qu'ils répandent sur leurs terres, avoisinant les bois.

Soir et matin, le faisan fait entendre son cri, espèce de son rauque qui semble lui sortir de la gorge. Lorsque les faisans rentrent du gagnage pour aller se coucher, ces oiseaux gagnent les gaulis et les grands arbres sur lesquels ils se perchent, — un d'entre eux donne le signal, et tout le bois retentit de leurs cris répétés jusqu'à ce que le dernier soit perché. Ils semblent ainsi narguer le renard ou autres bêtes fauves qui voudraient essayer de les surprendre ; les imprudents s'endorment tranquillement la tête sous l'aile, sans se douter que, sans la surveillance du garde, le plomb du braconnier, averti ainsi de leur lieu de refuge, n'en laisserait pas échapper un seul.

Certains auteurs prétendent que les braconniers prennent la nuit les faisans à l'aide d'une mèche soufrée ; quant à nous et à beaucoup d'autres de nos confrères, nous pouvons affirmer que tous les braconniers que nous avons surpris, étaient armés de fusils chargés à poudre et à plomb.

Les faisans se plaisent dans les bois entourés de plaines, dans les taillis et broussailles garnis d'épines, d'églantiers et de ronces, qui leur donnent des fruits dont ils sont très-friands.

Aux mois de septembre et d'octobre, les faisans vont chercher leur nourriture dans les plaines qui environnent les bois, et principalement dans les vignes ; plus tard ils regagnent l'intérieur de la forêt où ils sont nés pour y chercher sous les feuilles et même sous la neige, les glands, les châtaignes, les faines, et les graines de sorbier et de genièvre.

La chasse du faisan commence vers le mois d'octobre, soir et matin, il se rend en compagnie au gagnage pour prendre sa nourriture. De dix heures du matin à quatre heures du soir, il s'enfonce dans le bois ; par un beau soleil d'automne, on le voit, comme les poules de nos basses-cours, se rouler dans la poussière, sur les berges des fossés, dans les mares à sec, ou dans la cendre, sur les anciennes places à fourneau.

Par les temps humides, le chasseur le trouvera dans les gaulis, dans les hautes futaies, dans les endroits peu garnis d'herbes ou enfin à peu de distance des allées du bois.

Vers la primeure, les jeunes faisans levés par les chiens dans la journée, se perchent sur les chênes et les hauts taillis sous lesquels ils laissent parfaitement arriver le chasseur.

Au printemps, à l'époque de l'amour, le coq chante, en battant de l'aile, soir et matin et parfois même dans la journée.

Du huit au quinze avril, la poule faisan construit son nid avec un peu d'herbe sèches sur la berge d'un fossé, dans les chablis près des bûcherons, et même en plaine près du bois dans les pièces de foin ou de grains. Elle y dépose de huit à douze œufs d'une couleur verdatre et plus petits que ceux de nos poules de basse-cour. Comme ces dernières, elle fait un œuf à peu près tous les jours. Lorsque la première nichée a été détruite, la poule faisan fait une seconde couvée, ou recoquetage vers la fin mai.

Si pour repeupler votre bois, vous vous êtes procuré des faisans chez un voisin, vous pouvez être certain que bientôt ils seront retournés à l'endroit où ils sont nés.

Le faisan se chasse au chien d'arrêt. En vieillissant il devient rusé, et dès lors est fort difficile à faire lever. Il court devant le chien, et ne se lève souvent que sous son nez, et à l'endroit le plus fourré du bois.

Lorsque vous aurez abattu un faisan, courez au coup de fusil : quoiqu'il soit tombé comme une masse, il peut n'être que démonté, et par la rapidité de sa course, vous mettre dans l'impossibilité de le rejoindre sans le secours d'un bon chien.

Souvent on est obligé de tirer le faisan à travers des branches d'arbres ; aussi est-il indispensable de ne pas se servir de trop petit plomb.

La perdrix.

La perdrix renferme un grand nombre de variétés, dont quatre ou cinq seulement fréquentent nos environs de Paris : La *perdrix ordinaire* ou *perdrix grise,* la *bartavelle,* la *perdrix rousse,* la *roquette,* etc.

Il y a quatre siècles environ que cet oiseau est connu dans nos contrées. La perdrix peut vivre beaucoup plus longtemps que le faisan.

Nous ne parlerons que des deux espèces les plus connues : la perdrix rouge et la perdrix grise.

La *perdrix rouge* est plus belle et plus grosse que la perdrix grise, et plus petite que la bartavelle. Son bec, ses pattes et ses pieds sont d'un rouge carmin, un petit cercle de duvet rouge entoure ses yeux. Elle est agréablement marquetée.

On prétend que la perdrix rouge perche parfois sur les arbres. Elle préfère les lieux montagneux et pierreux, les broussailles, les hautes bruyères et les jeunes taillis. Nous en avons rarement rencontré dans les environs de Paris.

La chasse de la perdrix rouge se fait au chien d'arrêt. Lorsque vous tombez sur une compagnie de perdrix rouges, contrairement à la perdrix grise, elles se lèveront une à une et jamais d'une seule volée.

Elles ont le vol rapide, et par conséquent sont difficiles à tirer.

La *perdrix grise* est la plus commune. Parmi cette espèce on rencontre encore des sous variétés qui diffèrent de la perdrix grise proprement dite par leur plumage plus ou moins foncé, il est facile de remarquer la même particularité dans les œufs de ces sous variétés.

La perdrix grise est connue de tous.

Le mâle se distingue de la femelle par de petites plumes roussâtres qui lui tiennent tout le devant de la tête, continuent autour des yeux et des oreilles et vont finir assez bas au-dessous de la gorge, il a une petite tache rouge écarlate entre l'œil et l'oreille, principalement au moment des amours. Enfin le coq a sur la poitrine une petite place de plumes rouges foncées, en forme de fer à cheval.

Cette particularité se présente cependant quelquefois chez la femelle, mais alors vous ne trouverez que quelques plumes roussâtres à la tête et au bec, et jamais la tache rouge écarlate de l'œil.

Le coq a l'air plus fier et plus hardi que la perdrix. La perdrix fait son nid avec un peu d'herbe sèche à peu près au hasard, souvent en plaine, près d'un chemin ou d'un sentier, dans les pièces de grains, et malheureusement dans les prairies artificielles, quelquefois dans un buisson ou même dans un jeune bois. Elle le pose toujours à terre.

Vers la fin d'avril ou le commencement de mai, suivant les années, la femelle pond de quinze à dix-huit œufs ; elle va même jusqu'à vingt-quatre. Ses œufs sont d'un vert plus jaunâtre que ceux de la faisane. L'incubation est de trois semaines.

Lorsqu'elle va chercher sa nourriture, le mâle l'accompagne quelquefois, il la remplace sur ses œufs, ce que nous pouvons affirmer, car nous en avons vu prendre sur le nid par des faucheurs.

Si la couvée est détruite par les animaux destructeurs, le mauvais temps ou par la faux, la femelle recommence à pondre de dix ou douze œufs. Ces secondes couvées s'appellent *recoquetages*.

Les perdreaux courent comme des poulets, aussitôt qu'il sont éclos et ressuyés, à la suite du père et de la mère qui les protégent contre les chiens et les chasseurs. En effet, si la pauvre petite famille rencontre un chien, aussitôt le père se lève et court à sa rencontre, et criant, traînant et battant de l'aile, il va s'abattre à quelques pas de l'animal.

Le chien trompé par ce stratagème, va droit à l'oiseau, qui se relève aussitôt, et va retomber un peu plus loin, pendant que la mère emmène sa famille du côté opposé et la délivre du danger.

Le père, la mère et les enfants, vivent en compagnie jusqu'au moment de la *pariade*. Il n'est pas rare de voir deux couvées écloses l'une à côté de l'autre, vivre ensemble toute l'année, ce qui explique les compagnies quelquefois si nombreuses que l'on rencontre en plaine.

Lorsque la deuxième plume roussâtre de la gorge est poussée, et lorsque le fer à cheval commence à se dessiner, on dit que les perdreaux sont *maillés*. Ils sont alors bons à tuer.

Les perdreaux *poussent le rouge,* lorsque la tache de rouge écarlate apparaît entre l'œil et l'oreille. Si dans une volée de perdrix, deux ou trois seulement ont survécu, elles vont à l'approche de l'hiver se joindre à d'autres compagnies.

Les perdrix grises ne perchent pas. Elles couchent toujours en plaine pour ainsi dire pelotonnées toutes l'une contre l'autre pour se tenir chaud et braver l'injure du temps. Elles passent la nuit de préférence dans les terres labourées : par l'humidité, elles sont plus sainement et par la sécheresse, plus fraîchement.

Il est rare de faire enlever deux ou trois fois de suite une compagnie de perdreaux, sans qu'elle revienne dans la contrée où elle a l'habitude de séjourner.

A l'époque de *la pariade,* c'est-à-dire vers la fin de janvier et quelquefois même avant, suivant la température, coqs et poules se livrent des combats terribles; ils ne sont jamais tranquilles; si la nuit vous faites lever une perdrix à votre approche, aussitôt vous entendez *rappeler* toutes celles qui vous entourent. Le chant de la perdrix semble prononcer *querrette;* le mâle traîne son chant beaucoup plus que la femelle.

A la suite de ces combats, ceux qui sont vainqueurs s'accouplent; mais si le temps se remet au froid, chacun va rejoindre sa compagnie pour revenir de nouveau s'accoupler, lorsque la température aura changé.

On distingue le vieux perdreau du jeune au moyen du procédé que nous avons décrit à l'article *Faisan.* Chez un perdreau de l'année, la première plume du fouet de l'aile finit en pointe, et chez un vieux, elle est arrondie. On les reconnaît aussi à la couleur du bec et des pieds qui est de plus en plus foncée, selon que l'oiseau prend de l'âge. Lorsque vous avez abattu une perdrix, le plus simple encore est de prendre la bête par la partie inférieure du bec avec le doigt et le pouce; si cette partie du bec plie sous vos doigts, vous avez certainement tué un jeune perdreau.

La *roquette* est une autre espèce de perdrix grise, mais plus petite que celle dont nous nous occupons. C'est un oiseau de passage qui voyage par grandes compagnies, et que l'on rencontre dans certaines parties de la France, vers les mois d'octobre, novembre et décembre.

Pendant le mois de septembre, la chasse aux perdreaux, en plaine, est des plus agréables. On les chasse au chien d'arrêt et au rabat l'hiver.

Le matin, à la rosée, les perdreaux se laissent difficilement approcher; il en est de même par les temps de pluie ou de vent. Il est préférable pendant les premiers jours de l'ouverture, de chasser pendant la chaleur, c'est-à-dire de neuf heures du matin, à quatre ou cinq heures du soir; en effet, à ce moment-là, le perdreau recherchera principalement les couverts, les pièces de pommes de terre, et les regains de luzerne, et il vous sera facile de les faire lever un à un.

Lorsqu'une plaine a été entièrement battue le matin, il est bon de la laisser un peu tranquille vers midi, pour que les compagnies écartées aient le temps de se rapprocher.

Si les perdreaux ont été beaucoup chassés dans la journée, et s'ils sont éparpillés, on les trouvera partout, dans les chaumes, dans les vieux labours, et principalement dans ceux où sont poussés des sanves.

En temps de vent, vous les trouverez dans les

vignes, et dans les jeunes taillis; mais pour les approcher, rappelez-vous que vous devez faire régner le plus grand silence en battant l'endroit où les perdreaux sont remisés.

La caille.

La caille est beaucoup plus petite que la perdrix, ses plumes sont grises et entrecoupées de bandelettes foncées; elle a la queue courte.

Le mâle est un peu plus gros que la femelle; il a la gorge plus rousse et le bec plus noir.

Les cailles arrivent dans nos contrées vers le commencement de mars; à cette époque, le mâle fait entendre jour et nuit son chant que l'on peut traduire par : *ouun, ouun, ouun, ouun, pette pedette, pette pedette.*

Le cri de la femelle, qui pourrait s'exprimer par *yu, yu,* est très-facile à contrefaire avec un petit appeau. C'est à l'aide de cet engin et d'un petit filet appelé *nappe,* que les braconniers font une terrible guerre aux cailles, pendant les deux ou trois mois qui suivent leur arrivée. A cette époque de l'année où la chasse est prohibée, il leur est facile de passer la barrière, avec une douzaine de cailles et une nappe dans leur poche, sans éveiller les soupçons des commis de l'octroi.

Comme la perdrix, la caille fait son nid à terre,

elle y dépose de quinze à dix-huit œufs, qu'elle couve pendant trois semaines environ ; mais moins fidèle que la perdrix, le mâle l'abandonne pour courir se faire prendre à l'appeau.

Les cailleteaux viennent très-vite et sont moins délicats à élever que les perdreaux ; mais, dès le mois de septembre, tous ceux qui sont en état de voyager, nous quittent pour gagner des pays où probablement, les récoltes sont plus tardives ; ceux qui restent, et ils sont en très-petit nombre, vivent de la même nourriture que la perdrix.

A son arrivée d'Afrique, la caille se réfugie dans les prairies, les seigles et les blés verts.

On la chasse au chien d'arrêt.

Passé le mois de septembre, la caille, devenue rare, est fort difficile à faire lever, parce qu'elle se réfugie de préférence dans les regains, dans les pommes de terre bien garnies de mauvaises herbes et dans les carrés d'asperges.

La caille vole souvent en rasant la terre, et ne s'élève pas à plus de hauteur d'homme ; elle file assez raide en faisant quelquefois un ou deux crochets ; mais un chasseur un peu expérimenté, ne doit pas manquer une caille, s'il la tire avec du petit plomb.

Les cailles se tiennent souvent deux par deux, et les cailleteaux en compagnie ; ils se lèvent un par un, et souvent même un bon chien, après les avoir arrêtés l'un après l'autre, atrappe une partie de la compagnie.

La caille est très-chargée de graisse ; elle ne se perche jamais.

Le râle.

Il y a plusieurs variétés de râles ; mais dans nos contrées, nous ne connaissons guère que le *râle de genêt* et le *râle d'eau*.

Le *râle de genêt,* que l'on appelle aussi le roi des cailles, ressemble à cette dernière par son plumage et par ses mœurs. Comme elle, c'est un oiseau de passage ; il est un peu plus gros que la caille, plus foncé, plus allongé et plus haut sur pattes.

La femelle est plus petite que le mâle, et son plumage est plus roussâtre ; son cri ressemble à celui d'une crecelle.

Le râle arrive dans nos contrées avec les cailles, et disparaît vers la fin de septembre, et même plus tard, selon la rigueur de la température.

Cet oiseau est peu fécond ; dans nos contrées, les faucheurs trouvent rarement de leur nid, qu'ils font comme les cailles dans les pièces de foins avec un peu d'herbe sèche et de mousse.

La femelle pond de sept à huit œufs, un peu plus gros que ceux de la caille. Comme les cailleteaux, les petits peuvent suivre leur mère presqu'en sortant de la coque.

A l'ouverture de la chasse, on rencontre le râle dans les regains, dans les pièces de pommes de terre, dans les grandes herbes, dans les carrés de genêts, et quelquefois même dans les jeunes taillis de l'année.

Le râle ne s'envole que très-difficilement et va se poser à peu de distance; il vole lourdement et les pattes pendantes, ce qui le rend facile à tirer; mais il court fort vite; rusé comme un lièvre, il va et vient en zig-zag, revient sur ses pas, trompe celui qui le cherche, et finit souvent par faire perdre sa trace. Un chien fort d'arrêt ne peut pas le faire lever, parce qu'il ne va pas assez vite.

Le râle d'eau diffère un peu du râle de genêts par son plumage et par son bec; ses pattes sont plus longues. Ainsi que son nom l'indique, il se tient sur le bord de l'eau, dans les grandes herbes et les roseaux où il fait son nid. Il est aussi fort difficile à faire lever. Le râle d'eau reste peut-être un peu plus longtemps dans nos pays que le râle de genêt.

La poule d'eau.

La poule d'eau est un peu plus grosse que la perdrix; du reste, il y en a plusieurs espèces de différentes grosseurs.

La poule d'eau a le bec court et rouge, et la tête surmontée d'une plaque également rouge; ses pieds sont verts, son plumage d'une couleur verdâtre tirant sur le brun; le dessous de la queue et le bord des ailes sont blancs.

La femelle est de plus petite taille que le mâle; ses couleurs sont moins prononcées.

La poule d'eau se plaît sur les étangs; elle fait son nid dans les berges et sur les toques de jonc avec des roseaux et de l'herbe qu'elle apporte en grande quantité. Au sortir de la coquille ses petits sont couverts d'un duvet ressemblant assez à du poil; elle les mène aussitôt à l'eau; quelquefois elle les conduit en plaine, mais toujours à peu de distance des joncs et des roseaux pour pouvoir les cacher au moindre danger.

Il nous est arrivé d'attraper des petits et de les emporter; à peine les avions-nous mis dans un sceau d'eau qu'ils plongeaient jusqu'au fond, remontaient pour respirer et recommençaient à plonger.

Ils sont fort difficiles à élever.

La poule d'eau fait entendre son cri plusieurs fois dans la journée; c'est une espèce de roulement qui semble dire : *prrou*. Elle se promène sur l'eau; aussitôt qu'elle aperçoit quelqu'un ou qu'elle entend du bruit, elle s'enfuit en battant des ailes, et va se cacher sous les herbes en plongeant et en laissant passer son bec seul hors de l'eau.

La poule d'eau n'est pas précisément un oiseau de passage; elle reste en assez grand nombre dans les endroits où elle est née. Quelquefois la gelée la force à quitter les étangs ; elle se rapproche alors des rivières et des fontaines.

La bécasse.

Il y a plusieurs variétés de bécasses. Dans nos contrées, nous n'en connaissons véritablement que deux : la grosse, qui arrive la première vers la Toussaint, et la petite qui passe plus tard.

La bécasse a de grands yeux, les pattes et le bec longs ; son plumage est d'un gris roussâtre, beaucoup plus foncé que celui de la perdrix grise, et rayé de petites bandes transversales. La femelle est un peu plus grosse que le mâle.

La bécasse a la vue très-faible pendant le jour ; mais elle recouvre toutes ses facultés à la tombée de la nuit et par le clair de lune ; son vol ressemble assez à celui des oiseaux de nuit.

La chair de la bécasse est très-estimée des gourmets qui la mangent sans être vidée. Elle exhale une odeur qui ne plaît pas à tous les chiens ; nous en avons vu qui ne voulaient pas la rapporter.

Cet oiseau niche rarement dans nos pays. La femelle dépose son nid par terre dans le bois ; elle y pond cinq à six œufs. Comme les perdreaux, à peine éclos, les petits suivent leur mère ; peu de jours après ils sont en état de voler.

Les bécasses se tiennent dans les taillis de huit à dix ans et principalement dans les endroits marécageux ; on les trouve encore en plaine dans les haies et les vignes où elles vont quelquefois manger du raisin.

Elles se nourrissent de limaçons, de vers et de vermisseaux. On trouve assez souvent leur fiente blanche, de la largeur d'une pièce de dix sous, par terre, sur les feuilles, dans les allées du bois et dans les faux-fuyants.

La bécasse est facile à tirer ; mais comme le plus petit arbre lui sert pour se dérober à la vue du chasseur, on est obligé de la tirer au jugé ; aussi la manque-t-on souvent. Elle tombe comme une masse et se sauve aussitôt à pied. Lorsqu'une bécasse a été levée, elle se plaît assez souvent à suivre une allée.

Il est fort agréable de chasser la bécasse au mois de mars et d'avril lorsqu'elle quitte nos parages. Pour cela, placez-vous le soir à la nuit tombante dans une clairière du bois en faisant face au soleil couchant pour voir clair plus longtemps, et bientôt vous entendrez le cri des bécasses qui passent deux par deux au-dessus de votre tête ; vous pourrez les tirer facilement avec du petit plomb n° 8.

Cette chasse ne dure guère plus d'une demi heure, la nuit venant vous interrompre au meilleur moment.

La bécassine.

La bécasse comme la bécassine, compte plusieurs variétés ; comme la première, elle arrive vers le mois d'octobre et même l'hiver.

On la trouve, ainsi que le cul-blanc, petit gibier dont la queue remue continuellement, dans les marais, au bord des rivières et des anciens trous de carrière où l'eau séjourne pendant l'hiver.

Ces oiseaux sont très-difficiles à tirer ; au lever, ils font plusieurs crochets et leur vol est très-rapide.

Leur chair est aussi bonne que celle de la bécasse.

La grive.

La grive se divise en : *grive commune* ou *grive de vigne, mauvis,* ou *petite grive de vigne, draine* ou *grosse grive de gui,* et *litorne* ou *tia, tia.*

La grive a le ventre blanc parsemé de petites mouchetures brunes, le dessous des ailes jaunâtres et le dos gris brun.

La *grive de vigne* arrive ordinairement en grand nombre, vers l'époque des vendanges pour repartir dès les premières gelées blanches ; quelques-unes restent dans nos contrées.

Le *mauvis* arrive plus tard ; elle a le dessous de l'aile roussâtre ; sa gorge est moins blanche et plus tachetée que celle de la grive commune, elle a une tache noire entre l'œil et le bec et une raie jaune au-dessus de l'œil; ses pattes sont plus rouges; elle est plus petite.

La chasse de ces deux grives est fort agréable; on les tire avec du petit plomb. Lorsqu'une grive tombe sur le ventre, elle est très-difficile à retrouver, parce que son dos est de la couleur de la terre, et que lorsqu'elle n'est que démontée, elle court très-vite en sautillant.

Une fois la feuille tombée, les grives abandonnent les vignes et se réfugient dans les haies, les osiers et les taillis.

A l'époque des vendanges, la grive est très-chargée de graisse. Mise à la broche et entourée de papier huilé pour préserver la graisse du feu, la grive est un mets très-délicat. Beaucoup de personnes la mangent, comme la bécasse, sans la vider.

La *draine*, ou grive de gui, est beaucoup plus grosse que les précédentes. Elle reste généralement dans nos contrées. Elle fait son nid sur les pommiers ou autres arbres avec de la mousse, de l'herbe sèche et de la boue, et y pond cinq à six œufs.

La draine est très-défiante; on l'approche difficilement, si ce n'est pendant l'hiver où elle vole de pommier en pommier pour manger le gui dont elle est très-friande; sa chair est médiocre.

La *litorne* ou tia tia, plus petite que la draine,

diffère des autres grives par sa couleur. Elle est
grise cendrée avec quelques tâches brunes sur le
dos, sa gorge est blanche.

La litorne arrive par bandes nombreuses vers le
mois de novembre. Elle se nourrit de vers de terre
qu'elle trouve dans les terrains humides, et dans
les prairies; les bestiaux au pâturage ne l'effraient
pas.

Vous verrez toujours deux ou trois de ces oiseaux
perchés sur les grands arbres pour faire le guet
pendant que les autres cherchent leur nourriture;
à votre approche, les cris répétés de *tia, tia, tia, tia,*
se feront entendre, et toute la bande s'envolera à
tire-d'aile ; mais si vous pouvez les surprendre, vous
en tuerez plusieurs d'un seul coup de fusil.

Le soir, la litorne regagne le bois, et couche dans
les taillis les plus touffus.

Sa chair est meilleure que celle de la draine,
mais elle ne vaut pas celle de la grive de vigne.

Le merle.

Le merle est à peu près de la grosseur de la
draine ; son plumage est d'un beau noir, et son
bec jaune. La couleur de la femelle est beaucoup
moins prononcée.

Le merle est très-fécond et très-précoce. Son nid
ressemble assez à celui de la grive, il est un peu

plus garni de mousse. Il le place à hauteur d'homme dans les haies, dans les rochées de bois, sur les branches d'arbres, dans les ventes et dans les bosquets. La femelle fait deux et même trois pontes par an, de trois à quatre œufs chacune. Les oiseaux de proie font une guerre terrible à leur nid et à leurs petits.

Le vieux merle est très-malin ; soir et matin, il chante, comme on dit, l'*Angelus*. En effet, quiconque a été à l'affût, sait que le soir, à la nuit tombante, sur la lisière du bois, le merle fait entendre son ramage pendant quelques minutes ; aussitôt les lapins et les lièvres sortent du bois ; mais si l'oiseau vient à vous apercevoir, il se sauve en donnant une espèce de coup de sifflet aigu, et tout le gibier rentre au bois. De même le matin, à la pointe du jour, il se fait entendre au moment où, lièvres et lapins quittent la plaine.

Le merle se plaît dans les haies, dans les buissons et en plaine dans les remises; il recherche de préférence, les petits bouquets de bois.

L'hiver, le merle se rapproche des habitations, et va chercher dans les jardins, sous les feuilles, les fruits tombés et les petites graines d'arbre.

Sa chair est aussi renommée que celle de la grive de vigne.

L'alouette.

L'alouette est presque aussi grosse que la grive de vigne. Son plumage est gris foncé.

L'alouette habite la plaine où elle fait son nid par terre avec un peu d'herbe sèche. Elle pond de cinq à six œufs qu'elle couve quinze jours seulement. Les petits qui poussent très-vite, sont nourris par le père et la mère, de petits insectes et de grains ; lorsqu'ils quittent le nid, vous voyez le père et la mère voltiger au-dessus des luzernes, en les cherchant pour leur donner la becquée.

L'alouette chante agréablement en volant ; elle égaie nos plaines depuis les premiers beaux jours du printemps jusqu'à la fin de septembre. A la première gelée blanche elles se réunissent par bandes, et l'hiver lorsque la neige couvre la terre, on peut en abattre beaucoup d'un seul coup de fusil avec du petit plomb n° 10. Le tir de l'alouette au vol est un exercice très-agréable et excellent pour le chasseur ; l'alouette se lève souvent sans qu'on s'en doute ; elle se rase si bien à votre approche que vous pouvez souvent la chercher longtemps sans retrouver l'endroit où elle s'est posée.

L'alouette se chasse aussi au miroir.

Le meilleur miroir est celui que l'on fait tourner avec une ficelle : pour cela il faut être deux ou bien attacher la ficelle à son genou. Il faut toujours faire faire le même mouvement au miroir et veiller à ce qu'il ne pirouette pas trop vite ; lorsque l'alouette approche, on doit un peu ralentir.

Le miroir à mécanique a l'inconvénient d'opérer son mouvement toujours avec la même rapidité sans qu'il soit possible de le diminuer, il ne tourne que pendant un certain temps.

Une fois le miroir placé, vous vous cachez dans un trou ou près d'un petit buisson ; puis avec votre ficelle vous faites manœuvrer le miroir, et bientôt vous voyez les alouettes venir planer au-dessus du miroir, s'abaisser, se relever et se rapprocher encore comme si elles voulaient se mirer.

On peut remplacer le miroir par un oiseau de nuit : une chouette ou un duc. Après lui avoir attaché une ficelle à la patte, posez-le sur une épine ou toute autre branche au milieu de la plaine, et les alouettes ne manqueront pas de venir voltiger au-dessus.

Les braconniers prennent les alouettes avec les mêmes engins que ceux qu'ils emploient pour les perdrix, et principalement avec un traineau dont les mailles sont assez étroites pour ne pas laisser passer ce petit gibier.

Outre l'alouette ordinaire, nous avons dans nos pays le *cochevis,* espèce d'alouette huppée un peu plus grosse que la première. Elle cherche sa nourriture sur les grandes routes et quelquefois sur le toit des maisons et sur les murs de cloture.

Le cochevis s'écarte moins que l'alouette ordinaire, et se laisse mieux approcher. L'hiver elle ne se rassemble pas par bande.

La chair de l'alouette est très-délicate.

Le pigeon ramier.

Le pigeon ramier est de la grosseur de nos gros pigeons; il est bleu cendré avec un collier blanc au cou; son œil est très-vif et ses ailes longues.

Le ramier fait son nid dans les bois, sur les branches, près du corps des grands arbres, et à moitié de leur hauteur. La femelle pond ordinairement deux œufs blancs qui éclosent rapidement, les petits viennent très-vite. Lorsqu'on fait lever plusieurs fois la femelle de dessus son nid, elle l'abandonne bientôt et les œufs disparaissent. La chair du ramier est grise et bonne à manger surtout si l'animal est jeune.

Ces pigeons restent en assez grand nombre dans nos contrées pendant l'hiver. Au mois de novembre, au moment des semences, on en voit de fortes bandes s'abattre dans les pièces de blé nouvellement semés et plus tard dans les chaumes. Par la neige, ils s'approchent des villages où ils vont manger les choux et autres verdures.

Le ramier est très-défiant et très-difficile à approcher à portée de fusil. Quand ces oiseaux s'abattent pour manger, ils laissent toujours sur les arbres voisins des sentinelles qui, à votre approche, donnent l'alarme par un claquement d'aile en s'envolant, et toute la bande s'enfuit rapidement.

Ils adoptent assez souvent, pour se percher pendant le jour, des arbres tels que des peupliers suisses ou des grisards, et principalement ceux qui ont la tête dépourvue de feuilles ; aussi peut-on arriver à en tuer un assez grand nombre, en construisant dessous ces arbres, des huttes en jonc, dans lesquels on n'ira se placer que quelques jours après leur construction, pour ne pas donner l'éveil aux pigeons. On se sert ordinairement de plomb n° 4, pour les tirer, parce que leur plumage, très-serré et très-abondant, offre une grande résistance. L'été, on peut les tuer sur les bords des mares qu'ils adoptent pour se désaltérer.

Au printemps, au moment des amours, on entend les ramiers roucouler, ils plongent en l'air, c'est-à-dire, montent en volant très-haut, et se laissent tomber comme une masse assez bas pour ensuite reprendre leur vol.

La tourterelle.

La tourterelle est plus petite que le pigeon biset ; son plumage, marqué agréablement de jaune et de bleu cendré, le rend plus joli que le pigeon ramier.

La tourterelle fait son nid avec quelques brindilles de bois croisées, de telle sorte qu'en se plaçant au-dessous, on voit parfaitement au travers. Elle le place sur les branches, dans les rochées de chêne à hauteur d'homme, et dans les taillis de cinq à huit ans.

La femelle fait plusieurs pontes qui sont ordinairement de deux œufs blancs ; les petits viennent très-vite.

La tourterelle arrive vers le 1er mai et disparaît à la fin d'août ; sa chair grise est plus délicate que celle des pigeons ramiers et prend beaucoup de graisse.

Cet oiseau est assez défiant, mais cependant plus facile à approcher que le ramier.

Au printemps, lorsqu'il y a beaucoup de feuilles, on profite, pour s'avancer sous l'arbre où la tourterelle est perchée, du moment où elle roucoule ; mais quand elle cesse, il faut aussi s'arrêter pour ne reprendre sa marche que lorsqu'elle recommence. On la tire très-bien avec du petit plomb n° 8.

Comme les ramiers, ces oiseaux adoptent des

mares pour aller boire plusieurs fois par jour. Aux
mois de juillet et d'août, on approche assez facilement les jeunes dans les pièces de blé versé et dans
les chaumes de seigle.

La tourterelle est très-fidèle; quand elle a perdu
sa compagne, elle reste seule toute sa vie.

DE L'ÉLÈVE DU GIBIER.

———

Pour réussir les élèves de faisans et de perdreaux, il est indispensable d'être bien organisé et d'avoir tous les ustensiles nécessaires, sans cela on n'obtient que de très-médiocres résultats.

La volière doit être exposée, autant que possible, au soleil de neuf heures ; la chaleur de midi est trop brûlante pour les faisans.

Les parquets doivent avoir environ cinq mètres de long sur trois mètres de large et un mètre quatre-vingt de hauteur ; du reste, plus les faisans ont d'espace, plus ils ont de chance pour bien réussir dans leur ponte.

Mise en parquet.

C'est vers la mi-février qu'il faut enfermer les faisans dans les parquets. On met généralement cinq à six poules avec un coq; leur nourriture doit être un peu échauffante pour les encourager à pondre, ce qu'ils commencent à faire, si la température est convenable, vers le 10 avril.

Une poule pond de quinze à vingt-cinq œufs qu'il faut lui retirer au fur et à mesure qu'elle les fait, pour les faire couver lorsqu'elle a fini, c'est-à-dire généralement vers la fin mai. Du reste, passé cette époque, il ne faut plus faire couver, à moins que vous n'ayez à votre disposition de ces nombreuses nichées si souvent détruites par les faucheurs.

Autrefois, on se contentait de conserver en volière une quantité suffisante de faisans pour repeupler la chasse, et on les lâchait au mois de mars pour la production.

Des couveuses et de l'incubation.

L'endroit où l'on met les poules couver, doit être sablé comme la volière, et à l'abri de la trop grande chaleur et de l'humidité. Une croisée fermée avec une toile, doit y faire parvenir un peu de clarté et y donner un peu d'air de façon toutefois à ce que les mouches ou toute autre insecte ne puisse pas venir déranger les couveuses.

On fait couver les poules dans des paniers en osier de trente-huit centimètres de hauteur sur environ trente-six centimètres de largeur, munis d'un couvercle à claire-voie recouvert d'une toile. Ces paniers sont placés par terre tout autour de la chambre ou même sur des planchettes.

Huit ou dix jours avant de faire couver, il faut se munir de poules disposées à couver; les petites poules anglaises sont les meilleures.

Lorsqu'on place les poules sur les paniers, on glisse dessous elles trois ou quatre œufs de poules ordinaires pour les habituer à couver et pour s'assurer qu'elles ne quitteront pas le nid; car, si vous avez affaire à une mauvaise couveuse, vos œufs de faisans ou de perdrix seraient complètement perdus.

Si la poule fiente sur ses œufs, vous pouvez être sûr que c'est une mauvaise couveuse, et qu'elle ne continuera pas à couver.

On peut aussi se servir de dindes ou de couveuses artificielles.

L'incubation des faisans dure vingt-cinq jours environ, et celle des perdreaux, de vingt-et-un à vingt-deux jours.

Lorsque vous vous êtes assuré que toutes vos poules garderont le nid, vous retirez les œufs de poule, et vous les remplacez adroitement par quinze à dix-huit œufs de faisans ou une trentaine d'œufs de perdrix, selon la grosseur des couveuses. Ayez le soin d'inscrire sur vos œufs le quantième du jour où vous les mettez à couver. Il faut autant que possible mettre les œufs à toutes vos poules à peu près le même jour pour que tous les faisandeaux et perdreaux soient éclos dans le délai d'un mois ; le faisan, d'un caractère très-querelleur, finirait par battre les plus petits et même par les tuer.

Lorsque des faucheurs vous apportent des œufs de faisan ou de perdrix qu'ils ont trouvés dans les foins, il faut de suite en casser un pour savoir s'ils ont été couvés ou quel peut être le degré de leur incubation. Lorsque le petit est formé, s'il ne remue pas, c'est qu'il est mort et que les œufs ne valent rien parce qu'ils sont dénichés depuis longtemps. Si vous jugez que les œufs ne sont couvés que depuis quelques heures, il faut les porter de suite sous une poule, mais s'ils sont près d'éclore, ils peuvent rester ainsi quelques jours sans danger pour la vie des petits ; en effet, il nous est arrivé de mettre sous une poule des œufs de perdrix abandonnés depuis quatre jours par la mère, et deux jours après, onze petits étaient éclos, six seulement étaient morts dans la coquille.

Il est indispensable, lorsque vous faites ainsi couver des œufs, de tâcher de vous rendre compte de la date à laquelle a dû commencer l'incubation, et d'inscrire cette date sur chacun des œufs. En effet, lorsque vous mettez à couver des œufs de la faisanderie, vous les mettez tous à la même date, sous la même poule, tandis que les œufs de la plaine, vous ne pouvez les glisser sous votre couveuse qu'au fur et à mesure qu'on vous les apporte ; aussi une poule couve-t-elle souvent des œufs de plusieurs nichées de dates différentes. Alors lorsque vous levez vos couveuses pour les faire manger, vous visitez vos œufs, et vous retirez ceux qui ont passé l'époque de l'éclosion ; de cette façon, lorsque les couvées sont diminuées de quelques œufs, vous pouvez réduire le nombre de vos couveuses, en réduisant les couvées de trois à deux, et ainsi de suite suivant que vous avez retiré plus ou moins de mauvais œufs.

Lorsque vous avez négligé cette précaution, vous pouvez, si vous croyez l'époque de l'éclosion arrivée, mettre vos œufs dans un vase d'eau tiède ; ceux qui remueront seront encore bons, mais les autres, il faudra les jeter.

Tous les jours à la même heure, et une fois par jour, pendant l'incubation, il faut lever les poules de dessus leur nid, en les prenant avec précaution par dessous l'aile pour les faire manger. A cet effet, après avoir mis trois poules sous une mue en osier, on leur donne une poignée d'orge et d'avoine mêlée, un peu de son mouillé pour les rafraîchir et surtout de l'eau ; vingt minutes suffisent pour leur repas. Il est bon de mettre sous la mue un peu de sable et de cendre pour que les poules puissent se rouler et se débarrasser de la vermine.

Au bout d'une douzaine de jours, vous visiterez les paniers pour voir s'ils ne sont pas infectés de poux de poules. Pour cela, on enlève doucement sans déranger les œufs, la paille couche par couche; s'il y en a, vous les trouverez au fond du panier. C'est là que ces insectes blanchâtres ou rougeâtres se tiennent par milliers pendant le jour; mais la nuit, ils remontent après la poule et la tourmentent tellement que souvent ils la forcent à se relever sur ses œufs. Lorsque vous trouverez des paniers infectés de cette vermine, prenez-en bien vite d'autres, refaites des nids avec du vieux foin, qui est toujours préférable au nouveau, arrangez-y les œufs avec soin et replacez les poules, après les avoir pommadés sous les plumes avec un peu d'onguent gris.

Pour nettoyer vos paniers, vous les promènerez longtemps au-dessus d'un bon feu de paille qui grillera tous les insectes et vous les laverez à l'eau bouillante. Du reste, avant de faire couver, il est toujours bon de prendre cette précaution.

De l'éclosion et de l'élève des petits.

Au fur et à mesure que les faisandeaux et les perdreaux éclosent, il faut retirer et jeter les coquilles hors de la volière, et laisser les nouveau-nés sous une poule pour qu'ils puissent se ressuyer et prendre de la force pour se tenir sur leurs pattes.

Si quelques petits ne peuvent pas sortir de leur coquille, ce qui arrive ordinairement par les temps secs, il faut la casser avec précaution, et humecter un peu la peau qui souvent reste collée après le petit et l'empêche de venir à bien.

Il ne faut mettre sous une poule que douze faisandeaux ou quinze perdreaux.

On peut encore au fur et à mesure que les petits éclosent, les mettre dans une petite boîte garnie de laine ou de plume, et assez profonde pour qu'ils ne puissent pas en sortir; cette boîte, recouverte d'une toile, doit être mise au soleil, ou près d'un poêle, ou mieux encore sous un édredon.

Si les petits venaient à avoir froid, ils ne tarderaient pas à mourir.

Quand les nouveau-nés sont ressuyés, il faut les mettre le plus tôt possible dans une boîte faite exprès.

Ces boîtes ont un mètre vingt-cinq centimètres de long sur trente-huit centimètres de large et trente-cinq centimètres de haut; à l'un des bouts se trouve un petit compartiment de quarante centimètres carrés environ pour y mettre la poule; ce compartiment est séparé du restant de la boîte par des barreaux en bois, espacé de cinq centimètres pour que les petits puissent aller et venir dans toute l'étendue de la boîte, et rentrer à volonté sous leur mère, sans que celle-ci puisse venir manger leur nourriture. Le dessus du compartiment est fermé par un couvercle à charnières, et le reste de la boîte par un filet cloué sur un châssis qui coule dans une rainure. La boîte peut en outre être recouverte d'un couvercle pour la nuit et le mauvais temps.

Les boîtes doivent être exposées au soleil, pour réchauffer les jeunes élèves et rentrées la nuit et par les mauvais temps, dans une pièce où vous pouvez, à l'aide d'un poêle, entretenir une douce chaleur.

Lorsque vous aurez confié des perdreaux à une poule, il ne faut pas le lendemain lui remettre des faisandeaux ou des cailleteaux, car elle les tuerait tous infailliblement.

Il est bon de mettre sous la poule deux ou trois centimètres de sable bien fin et bien sec, pour protéger les petits dans le cas où elle poserait la patte sur eux. Dix jours après leur naissance, il faut leur mettre à boire dans un vase plat auprès des barreaux, à portée de la mère ; vous avez dû jusque-là donner tous les jours à boire à la poule, en ayant soin d'enlever le vase aussitôt qu'elle a bu. La nourriture de la poule doit consister en une poignée d'orge et d'avoine mêlée ou de blé avec un peu de salade pour la rafraîchir ; toutes les deux heures, vous jetterez aux petits des œufs de fourmi, en en mettant quelques-uns auprès de la poule pour qu'elle les appelle et leur montre à manger ; ne leur en donnez pas trop à la fois, parce que quelque petit que soit le nombre des fourmis qui s'y trouveront mêlées, elles auront bientôt emporté tous les œufs.

Lorsque vos élèves sont restés une douzaine de jours en boîtes, dans les allées de la faisanderie, ouvrez les petites portes à coulisses pour qu'ils puissent sortir. Si vous avez un terrain, soit en plaine, soit dans le bois, semé en sarrasin mêlé d'orge et d'avoine, portez-y vos boîtes, et ouvrez-leur la porte pour qu'ils puissent sortir et rentrer à volonté auprès de la poule. Portez-leur à manger tous les jours. Si cependant la maison de l'éleveur n'était pas à proximité de l'endroit où vous mettez vos élèves en liberté, nous ne conseillerions pas ce procédé ; de même, si les élèves étaient déjà trop âgés, il serait à craindre qu'ils ne revinssent pas aussi bien auprès de la poule.

Manière de lever des œufs de fourmi.

Pour lever les œufs de fourmi munissez-vous d'un sac étroit fait en toile très-serrée, d'une nappe en toile d'un mètre carré environ, d'une petite passoire assez fine pour que les œufs seuls puissent passer à travers, et enfin d'une paire de mitaines en bonne toile ou en peau.

On doit s'y prendre le matin de bonne heure,

autant que possible, avant que le soleil soit levé, parce qu'alors les fourmis sont moins fortes et moins méchantes.

Vous trouverez les nids de fourmis principalement sous les chênes; si vous en voyez monter le long du tronc vous parviendrez à découvrir leur fourmillière en suivant avec soin l'espèce de route qu'elles se tracent elles-mêmes. Alors vous étalerez votre nappe auprès de leur nid, vous mettrez vos mitaines, vous attacherez le bas de votre pantalon, et vous ouvrirez la fourmillière. Prenant alors les œufs à deux mains vous les mettrez dans la passoire pour les faire tomber sur la nappe et les séparer des débris de la fourmillière, et au fur et à mesure qu'ils seront passés vous les jetterez dans votre sac.

Vous aurez soin de refermer votre fourmillière après y avoir placé une ou deux petites bottes de chêne feuillu par la sécheresse et de bois mort par l'humidité; dans ce dernier cas vous ne refermerez pas en entier le nid; de cette façon vous pourrez revenir tous les quatre ou cinq jours visiter vos fourmillières où vous trouverez de nouveaux œufs si la température n'a pas été trop brûlante.

S'il vous arrivait par un temps humide de lever beaucoup d'œufs de fourmi, il ne faudrait pas les laisser dans les sacs parce qu'ils s'échaufferaient et s'aigriraient; après les avoir bien passés pour y laisser le moins de fourmis possible et avoir mis au fond d'un tonneau quelques branches de bois sec, vous y jetterez vos œufs en n'emplissant le tonneau qu'au tiers, parce que les fourmis les auraient bientôt emportés.

Les fourmillières que l'on trouve dans les jeunes taillis ne produisent que très-peu d'œufs. Vers les mois de juin et de juillet, lorsque les foins sont coupés, et que quelques pluies ont trempé la terre, allez dans les vieilles luzernes, dans les terres en friche, dans les prés surtout sur les berges des fossés, et vous trouverez de petites fourmillières, ressemblant à des taupinières, qui vous donneront des œufs de la petite espèce, mais très-bons.

Les œufs de fourmi rouge font mourir les élèves.

Manière de lâcher les élèves de perdreaux.

Il y a différentes manière de lâcher les perdreaux; nous allons essayer d'en donner quelques-unes :

Première manière. — Faites battre dans la plaine les endroits convenables par un bon chien d'arrêt, qui ne tardera pas à tomber en arrêt sur une compagnie de jeunes perdreaux; allez de suite chercher une douzaine de vos jeunes élèves un peu plus gros que ceux que votre chien aura arrêtés; à votre retour, votre chien aura bientôt retrouvé la compagnie, lâchez alors vos petits perdreaux et retirez vous; le père et la mère seront bientôt venus les chercher.

Deuxième manière. — Si vous avez de petits perdreaux venant d'une nichée détruite par la faux, mettez-en vingt-cinq environ dans un panier, emportez avec vous une petite mue en osier de quarante à cinquante centimètres de diamètre, recouverte d'une toile verte et munie d'une petite porte assez grande pour y passer la main, et allez à l'endroit où a été trouvé le nid. Prenez un petit perdreau dans la main, pincez-lui le bout de l'aile pour le faire crier, et si le père et la mère sont dans les environs, vous les entendrez bientôt glousser comme une poule qui appelle ses petits; placez alors les perdreaux sous la cage après avoir attaché au sommet une ficelle de sept à huit mètres de long; cachez-vous en tenant la ficelle, et lorsque vous verrez la perdrix s'approcher, tirez à vous la ficelle, pour que la cage puisse se lever et permettre aux petits de se joindre à la mère.

Si vous ne réussissez pas à trouver la perdrix, et que le temps soit convenable, vous pourrez vous en aller pendant deux ou trois heures, en laissant les petits perdreaux sous la cage près de l'endroit où le nid a été découvert, et vous serez presque sûr en revenant de trouver la mère rasée près de la mue.

On peut encore arriver à découvrir la perdrix à l'aide d'un bon chien d'arrêt.

Troisième manière. — Si la perdrix mâle ou femelle a été prise sur le nid pendant qu'elle couvait, vous la mettrez dans une boîte longue de un mètre environ sur cinquante centimètres de large et vingt centimètres de haut, recouverte d'une toile bleue et fermée sur un des côtés de la largeur par de petits barreaux assez serrés pour que les jeunes élèves ne puissent pas passer; glissez-lui deux petits perdreaux de cinq ou six jours au plus pour qu'ils n'aient pas encore assez de connaissance pour fuir la perdrix, jetez-leur quelques œufs de fourmi, un peu d'eau et une poignée de petit blé pour la mère. Si la perdrix s'ennuyait et ne mangeait pas, il faudrait la nourrir en lui introduisant dans le bec du petit blé à l'aide d'une cuillère à café. Placez votre cage sur une table, en tournant le barreau du côté d'où vient le jour, allez de temps en temps sans bruit regarder par l'autre bout, où vous aurez fait un petit trou à l'aide d'une vrille, pour voir si la perdrix s'est placée sur les petits que vous lui avez confiés; ajoutez-lui-en alors quatre ou cinq, qu'elle appellera aussitôt et qu'elle cachera sous ses ailes, vous lui glisserez ainsi une quinzaine de perdreaux qu'elle aura bientôt adoptés.

La poule faisane n'accepte pas ainsi les petits faisandeaux, elle les bat.

Au bout de deux ou trois jours, la perdrix s'étant habituée à ses nouveaux enfants, vous mettrez les petits dans un panier et la mère dans un autre pour aller les lâcher en plaine. Vous vous servirez ici de la mue dont nous avons parlé ci-dessus ; vous choisirez autant que possible une pièce de blé ou d'avoine où vous poserez votre mue en y introduisant la mère et les petits avec quelques œufs de fourmi. Après vous être éloigné à quelques pas, lorsque vous verrez que la mère sera rassurée, vous èlverez la mue comme nous l'avons dit plus haut, et bientôt toute la famille s'enfuira dans les blés. Quelquefois, au sortir de la mue, la perdrix encore effrayée, s'envole à quinze ou vingt mètres, mais bientôt elle reviendra à pied à ses petits, et vous l'entendrez les appeler.

Quatrième manière. — Enfin on peut encore lacher les perdreaux avec les couveuses ; mais pour cela ils doivent avoir quinze ou vingt jours ; plus âgés ils ne suivraient plus la poule. Il est nécessaire qu'ils aient passé quelques jours en liberté avec la mère dans la volière. C'est encore à l'aide de la mue, plus grande naturellement que la mue à perdrix, qui doit servir en cette circonstance. Il nous est arrivé de faire lever en plaine une poule qui avait été lâchée ainsi depuis cinq ou six semaines, et perdreaux et poules s'envolaient et allaient se poser un peu plus loin.

On peut aussi lâcher une poule avec ses petits perdreaux sans la mue, lorsqu'elle n'est pas farouche, mais on n'est jamais sûr de réussir aussi bien.

Les perdreaux lâchés avec des poules sont plus exposés, parce que les poules les mènent de préférence manger sur les chemins, et qu'elles ne savent pas les garantir du danger aussi bien que les perdrix; souvent ils sont ramassés par les passants ou étranglés par les chiens. Il arrive souvent aussi lorsqu'il y a des arbres en plaine que les poules vont se percher et laissent les pauvres petits nourrissons coucher à l'injure du temps.

Par les pluies et les mauvais temps, il est bon de leur jeter de la nourriture en plaine, et d'emporter à la maison ceux qui en ont souffert, pour les faire réchauffer sous des couveuses, et de les reporter ensuite à la poule.

Nous allons nous occuper maintenant des élèves faits en volière pour manger ou pour lâcher au mois de mars en pariades.

A l'âge de dix ou douze jours, après les avoir retiré des boîtes, vous mettrez les faisandeaux en parquets et les perdreaux dans une volière basse que vous aurez construit en planches dans un endroit de votre jardin, exposé au soleil levant. La volière doit avoir un mètre quinze centimètres de haut sur trois ou quatre mètres de large et sur une longueur proportionnée au nombre d'élèves que vous voulez faire. Elle doit être séparée en compartiments avec des filets ou avec des grillages; de même au couchant et hors de la volière doivent être placé d'autres compartiments semblables aux cellules des boîtes à perdreaux et capable de contenir chacun une poule; ces compartiments doivent être séparés du restant de la volière par de petits barreaux qui puissent permettre aux élèves d'aller et venir. Le tiers de la volière, sur toute sa longueur et du côté où sont les poules, doit être couvert en zinc pour abriter les perdreaux par les mauvais temps, les deux autres tiers seront fermés par un bon filet gaudronné; tous les compartiments de la volière doivent pouvoir se correspondre à l'aide de petites portes à coulisses, pour que les perdreaux puissent y circuler dans son étendue lorsqu'ils sont assez grands pour se passer des poules, qu'alors on doit leur retirer.

Jusqu'à l'âge de trois semaines, les perdreaux et les faisandeaux ne doivent être nourris presqu'exclusivement que d'œufs de fourmi; cependant si au bout des quinze premiers jours, vous voulez ménager vos œufs de fourmi, il faut leur donner deux repas par jour, composés d'œufs durs, de laitues et de mie de pain, hachés aussi fins que des œufs de fourmi; vous leur donnerez ces deux repas le matin et le soir, sans que cependant ils se trouvent être le premier ou le dernier, car ces deux repas doivent être uniquement composés d'œufs de fourmi. Les asticots que l'on a fait dégorger et donnés de cette manière sont aussi très-bons surtout pour les faisandeaux.

A deux mois, vous pourrez supprimer les œufs de fourmi que vous remplacerez par la pâtée indiquée ci-dessus, en y ajoutant du petit blé; cependant il sera bon d'en donner de temps en temps à vos élèves, et principalement aux malades. Vous aurez soin de ne les laisser jamais manquer d'eau et de leur jeter de temps en temps de la salade.

Si vous voulez réussir vos élèves, passez souvent à vos boîtes, car vous trouverez toujours à faire. Les années chaudes sont les meilleures ; le froid, que l'on parvient à combattre par la douce chaleur d'un poêle, est très-nuisible aux jeunes perdreaux et aux jeunes faisandeaux, et leur cause de nombreuses maladies.

Maladies des élèves.

Maladies des yeux. — Cette affection contagieuse, qui se déclare fréquemment chez les élèves à l'âge de quinze jours ou un mois, se présente sous forme d'humeur qui se porte à leurs yeux.

Constipation et dyssenterie. — Ces deux maladies se déclarent ordinairement à l'âge d'un ou deux mois par les temps froids; les élèves ont le bas-ventre et le fondement enflammé et bouché. On parvient quelquefois à les guérir en leur introduisant dans le corps à plusieurs reprises un peu d'huile de lin à l'aide d'une tête d'épingle ou d'une allumette.

Paralysie. — La paralysie se porte aux ailes par les temps froids et humides ; le seul remède est la chaleur.

Pépie. — La pépie est une espèce de peau blanche épaisse qui recouvre le bout de langue ; il faut l'enlever avec la pointe d'une épingle, en ayant soin de ne pas attaquer la langue et de mettre un peu d'huile sur l'endroit opéré.

Vermine. — Dans le cas où les élèves auraient des poux, ce qui souvent leur est communiqué par les poules, il faut les enduire d'onguent gris qui bientôt aura fait mourir toute la vermine.

Lorsque les perdreaux et les faisandeaux commencent à pousser leurs plumes, il leur arrive souvent de se piquoter sur le dos, sur le croupion et sur la tête, et de même de se retirer les boyaux du corps. Souvent vous les voyez huit ou dix à la queue l'un de l'autre, se piquotant et finissant par s'ensanglanter.

Pour leur faire perdre cette habitude, il est bon de leur donner plus d'espace à parcourir, et pour cela, d'ouvrir les portes des compartiments de la volière, en piquant en terre, de distance en distance, quelques petites branches feuillues. Auparavant, vous aurez enduit les parties ensanglantées des perdreaux, d'une pommade faite avec un peu de cire blanche et d'huile fondue au bain-marie et d'une petite addition de suie et de poivre. On pourrait encore se servir de goudron fondu.

Quand vos élèves auront passé toutes ces maladies et qu'ils auront atteint environ trois à quatre mois, donnez-leur à manger deux fois par jour, soir et matin, de bon blé; la nourriture que vous destinerez aux faisandeaux devra être composée d'un mélange de blé, d'orge, d'avoine et de sarrasin. Vous devrez aussi avoir soin de leur mettre dans des rateliers de l'herbe fraîche, en petite quantité à la fois, pour qu'ils ne la gâtent pas.

Lorsque vous avez quelques-uns de vos élèves malades, il serait bon aussi de les séparer des autres, de les mettre dans un endroit chaud, et de les nourrir d'œufs de fourmi pendant tout le temps de leur maladie.

Des perchoirs devront être placés dans la volière pour les faisandeaux qui commenceront à se percher vers l'âge de quatre à cinq mois. Du sable fin et un peu de paille devra joncher le sol pour que les élèves puissent gratter et se réchauffer les pattes.

A l'approche du mois de février, il est bon de se débarrasser de tous les coqs faisans, parce lorsque arrive le moment des amours, ils se battent entre eux et se livrent de terribles et sanglants combats.

Manière de lâcher les faisans.

Il ne faut lâcher les faisans qu'à partir du 1ᵉʳ mars, et dans les endroits les plus tranquilles du bois ; pendant les huit ou dix jours suivants, on doit leur porter de la nourriture mêlée avec de la menue paille, et les garantir des braconniers à la perchée.

Après avoir mis vos faisans dans des grands paniers très-bas, vous les emportez le soir à la nuit ou le jour, au milieu de votre bois, vers un taillis de cinq à six ans, bien fourré ; vous agrainez la place, vous prenez vos faisans un à un, en leur mettant la tête sous l'aile et en les tournant quelque temps pour les endormir, puis vous les posez dans l'herbe. Au bout de quelques minutes, lorsque les faisans se réveillent, ils se trouvent dans un endroit calme et bien agrainé ; aussi, ils ne cherchent pas à s'envoler, et vous n'avez pas à craindre de les voir aller chez les voisins.

Manière de lâcher les pariades.

Vous ne lâcherez vos pariades que vers le mois d'avril, et dans une plaine bien épinée et bien tranquille. Vous irez les porter, paire par paire, le soir, à la tombée de la nuit, ou le matin à la pointe du jour, dans le milieu de votre chasse, et autant que possible à proximité du bois. Surveillez bien alors votre plaine, et soyez impitoyable pour les chiens errants ; car vos perdrix ne sont pas encore bien habituées à voler, et bientôt aussi, elles iraient se cantonner ailleurs.

Arrivé à l'endroit que vous avez choisi pour lâcher vos pariades, vous vous mettrez à genoux, et prenant une perdrix de chaque main, coq et femelle, vous les lâcherez ensemble sans les poser à terre pour qu'ils ne s'envolent pas loin ; ils s'envoleront à trente ou quarante mètres, et bientôt vous les entendrez se rappeler.

Garenne forcée ou manière de faire des élèves de lapins de garenne.

Autrefois le mot *garenne* servait à désigner tout ce qui était en garde, tel que bois, gibier, poisson, etc. ; aujourd'hui les endroits destinés aux lapins sont seuls appelés ainsi.

On nomme *garenne forcée* un terrain, d'une plus ou moins grande étendue, parfaitement clos de murs ou même de grands fossés ; les fondations doivent être assez profondes, et le chaperon assez avancé principalement au dehors pour empêcher les bêtes fauves de pénétrer dans la garenne. L'intérieur doit être semé en prairies artificielles et autres espèces de plantes nourrissantes telles que des topinambours, du thym, etc. ; si la garenne était d'une grande étendue, on ferait bien d'y planter quelques carrés de chênes, de hêtres ou d'autres bois.

Pendant l'hiver il faut porter de la nourriture aux lapins dans la proportion de cinq ou six kilos par vingt-cinq lapins ; le foin, le regain, les betteraves et les petites pommes de terre doivent leur être donnés de préférence.

On fait des élèves de lapins de garenne soit pour se nourrir soit pour repeupler, c'est-à-dire pour les porter après les récoltes dans des bois ou des remises.

Après avoir fait disposer une garenne comme nous venons de le décrire, on met à l'un des angles de l'enclos une pille de bourrées de bois ou des tas de pierres pour que les lapins puissent y creuser des terriers. Vers le mois de février, lâchez-y vingt-cinq lapins de garenne dont vingt femelles et cinq mâles, et au mois de septembre vous aurez plus de deux cents lapereaux de différentes grosseurs. Plus la nourriture que vous leur donnerez sera abondante, plus ils pulluleront.

Il faut veiller avec le plus grand soin à ce que les bêtes-fauves et principalement les chats, les fouines et les renards ne pénètrent pas dans votre garenne.

Lorsque le mois de septembre arrive, et que l'herbe vient à manquer, il faut retirer de la garenne une grande partie des lapins, sans cela vous serez obligé de pourvoir à leur nourriture.

Nous parlerons plus loin de la manière de **prendre** les lapins.

DE LA CHASSE.

Du fusil.

Le premier soin d'un chasseur doit être de choisir un bon fusil et d'en bien connaître la portée.

Il y a un siècle environ nos ancêtres se trouvaient fort heureux de pouvoir chasser avec le fusil à pierre ; cinquante ans après, nos pères connurent le fusil à piston qui aujourd'hui cède à son tour la place au fusil à bascule. Ces différentes armes ont été autant de perfectionnements successifs dont on ne saurait trop reconnaître les avantages.

Le fusil à bascule prévient bien des accidents et permet au chasseur de recharger son arme avec une extrême rapidité. En outre, avec la cartouche, la poudre et la capsule se trouvant complètement à l'abri de l'humidité, le chasseur n'a plus la préoccupation de voir son fusil rater et peut dès lors donner plus d'assurance à son tir.

On nous objectera que le prix de revient **de la**
charge du fusil à bascule est plus élevé que celui de
la charge du fusil à piston ; cela est vrai, répon-
drons-nous; mais tout bien calculé, la différence
est minime. En effet ce qui seul augmente le prix
de revient c'est l'achat des douilles, puisque **la**
charge de poudre et de plomb doit être la même
pour les deux armes; mais un chasseur économe
peut facilement faire servir la même douille une
deuxième et même une troisième fois. A cet effet
après l'avoir retiré avec soin de la culace, si naturellement elle n'est pas crevée, il suffit d'en soulever la broche avec une petite pince pour faire sortir les débris de l'amorce et de la remplacer par une
autre capsule (les Gevelots sont les meilleurs) à l'aide
d'un amorçoir que l'on trouve chez tous les armuriers. De cette façon le prix des douilles qui d'abord
était de 5 francs peut facilement être réduit à 3 francs
et même à 2. Le coup de fusil peut dès lors être
estimé à 12 ou 13 centimes. Il est vrai de dire
qu'en faisant servir plusieurs fois les mêmes cartouches, les résultats peuvent laisser à désirer ; aussi
devra-t-on toujours réserver les 2e et 3e charges
pour la chasse au bois, où l'on ne tire généralement
que de près.

Il est à remarquer qu'avec le fusil à piston, il faut
tenir compte de la casse de la baguette, de l'usure
de la poudrière, du sac à plomb et des cheminées,

qui souvent aussi se trouvent bouchées, et enfin de bien d'autres inconvénients; ainsi par exemple, il peut arriver que par suite de la précipitation ou de l'émotion du chasseur, le fusil soit mal chargé ou ne parte pas, soit parce que la moitié de la charge aura glissé à côté du canon, soit parce que le plomb aura été mis avant la poudre, soit même parce que tous deux auront été introduits ensemble sans avoir été séparé par une bourre. Enfin la charge faite à la maison et de sang-froid, est toujours plus régulière et rend le chasseur plus sûr de son coup.

Le nettoyage du fusil à bascule est très-simple et peut être fait en quelques minutes.

Vous introduisez d'abord dans le canon une baguette munie du gratte-bosse en fil d'acier; vous passez ensuite un chiffon sec pour l'essuyer et enfin un autre chiffon gras pour préserver l'intérieur de la rouille ; il vous est en outre très-facile en appliquant l'œil à l'un des bouts du canon, de vérifier si votre arme est en bon état de propreté. Avec le fusil à piston, vous ne le lavez pas intérieurement chaque fois que vous rentrez, attendu que cette opération vous demanderait trop de temps. Ainsi donc à travail égal, le fusil à piston s'use beaucoup plus vite, puisqu'il ne peut jamais être aussi bien entretenu.

Choix du fusil.

Quel que soit l'espèce de fusil à laquelle vous vous arrêterez, il est, dans tous les cas, indispensable que les platines soient bonnes, le bois solide et le canon étoffé. La longueur du canon doit varier selon les endroits où vous chassez et selon le gibier; ainsi pour tirer de près au bois, le canon court est moins embarrassant; mais pour la plaine, le canon long est toujours préférable parce qu'il écarte moins. Un canon de 70 à 73 et même 75 centimètres est d'une bonne longueur.

Un fusil garnit bien et est convenablement monté, lorsqu'à une distance de 40 mètres, vous pouvez mettre de 27 à 28 grains de plomb N° 6 dans une feuille de papier écolier. Sur deux coups il peut arriver que vous mettiez 10 grains de plus ou de moins à l'un qu'à l'autre; aussi est-il bon de prendre la moyenne de dix coups à charge égale. Le tableau suivant est le résultat des expériences faites par nous d'après le procédé que nous venons d'indiquer :

Nᵒˢ 00	. . .	7	grains.	Nᵒˢ 6	. . . 27	grains.
— 0	. . .	10	—	— 7	. . . 34	—
— 2	. . .	12	—	— 8	. . . 42	—
— 3	. . .	14	—	— 9	. . . 54	—
— 4	. . .	16	—	— 10	. . . 60	—
— 5	. . .	23	—			

Enfin pour être plus clair encore : Avec un bon fusil, calibre N° 16 à une distance de 20 mètres on doit mettre dans la feuille de papier cent grains de plomb N° 6, c'est-à-dire à peu près la moitié de la charge, puisque dans l'espèce la charge contient 230 grains environ ; à 40 mètres, on doit trouver 27 grains, c'est-à-dire la 8ᵉ partie de la charge ; enfin la majeure partie doit être contenue dans une superficie de 1 mètre carré : et en tenant compte des grains d'écart, la charge entière ne doit pas dépasser 2 mètres carrés.

Du calibre.

Selon nous les meilleurs calibres sont les calibres 16, 18 et 20. Plus petits ils ont l'inconvénient de ne pouvoir supporter qu'une faible charge ; plus grands ils en emploient une trop forte et font beaucoup d'écart. Ainsi par exemple avec le calibre N° 12, on peut mettre une charge et demie sans que cependant il soit possible à 40 mètres d'obtenir de meilleurs résultats sur une feuille de papier, qu'avec le calibre N° 16 ; c'est-à-dire qu'au lieu d'être contenue dans deux mètres carrés, la charge s'étend jusqu'à 3 mètres, ce qui donne par conséquent plus de chance au gibier de passer à travers le coup. Il est vrai de dire qu'en tirant à côté de la pièce, la plus grande quantité d'écart peut quelquefois vous faire réussir ; mais alors le tir est irrégulier et ne peut convenir qu'à un mauvais chasseur.

Il ne faut jamais surcharger un fusil, à moins que l'on ne soit bien sûr de sa fabrication et que le canon ne soit bien étoffé.

Lorsque vous aurez arrêté votre choix sur un fusil, vous devrez l'essayer à blanc de différentes manières afin d'en bien connaître la portée à plomb et à balle. En effet il y a des fusils dont le côté droit ou le côté gauche porte ou à droite où à gauche, ou trop haut ou trop bas ; pour tirer à plomb, l'inconvénient est minime, mais pour tirer à balle, il est indispensable de bien connaître son fusil pour pouvoir modifier son tir selon les circonstances.

Avec nos fusils de chasse, il est rare que le tir à balle offre une grande précision à plus de 70 ou 80 mètres ; en effet, passé cette distance la balle baisse toujours un peu.

Avec une livre de plomb, on peut faire autant de balles que le calibre a de grandeur ; c'est-à-dire que pour un calibre de 16, on peut faire 16 balles à la livre et ainsi de suite.

La meilleure manière de charger à balle consiste à introduire la balle entortillée dans un peu de toile immédiatement après la poudre ; elle doit quand on l'introduit offrir quelque résistance et être un peu forcée par la pression de la baguette.

L'orsqu'un fusil à piston contient une balle dans chaque côté du canon, il faut avoir soin, avant de tirer le deuxième coup, de s'assurer si la secousse produite par le premier n'a pas fait remonter la balle, parce que le plus petit déplacement suffirait pour faire éclater le fusil. Nous avons vu à la chasse au sanglier plus d'un chasseur blessé de cette manière.

La balle ramée, c'est-à-dire deux balles attachées ensemble, et le lingot ne peuvent servir que pour tirer de près et pour faire de larges blessures à l'animal ; en effet ces projectiles, allant toujours en travers, retirent au coup beaucoup de sa justesse.

Manière de régler la charge.

Il est indispensable d'abord que le chasseur se persuade que la charge doit varier selon les calibres ; ensuite que la mesure pour la poudre doit être exactement la même, quant à la grandeur et à la capacité, que celle employée pour le plomb. Enfin vous devez diviser une livre de plomb en autant de coups que le calibre de votre fusil a de grandeur ; ainsi si votre calibre est du N° 16, la livre de plomb devra vous fournir 16 coups.

Il est à remarquer que si votre charge de poudre est un peu plus faible que celle de plomb, le coup garnira plus, mais pénètrera moins.

Des bourres.

On ne saurait apporter trop de soin au choix des bourres ; plus la qualité des bourres sera supérieure, plus vous serez sûr de la portée de votre coup.

Les bourres en feutre, faites à l'emporte-pièce sont les meilleures ; celle que l'on met après la poudre doit être assez épaisse, sans cependant être ou trop molle ou trop dure ; la bourre qui recouvre le plomb doit être comme celles employées pour les cartouches et cependant beaucoup plus épaisse.

Manière de charger le fusil.

Lorsqu'un fusil est frais lavé, on doit toujours, avant de charger, le flamber avec un peu de poudre qu'on introduit dans le canon ; de même aussitôt qu'un coup a été tiré, on doit de suite recharger son fusil pour prévenir l'humidité qui s'attacherait dans l'intérieur du canon et empêcherait la poudre de descendre.

Après avoir désarmé votre fusil, vous introduisez votre poudre mesurée, et vous mettez une bourre que vous enfoncez avec la baguette en appuyant avec soin dans tous les sens ; ensuite tenant la baguette entre vos dents ou vos lèvres, vous faites glisser le plomb que vous recouvrez d'une nouvelle bourre comme vous avez fait pour la première; alors après avoir regardé si la poudre est bien descendue dans les cheminées, vous placez les capsules, vous les appuyez avec précaution et tout est fait.

Lorsque vous avez tiré le premier coup, il est toujours bon de passer votre baguette sur le côté qui est resté chargé, pour vous assurer si le contre-coup n'a pas fait remonter la bourre.

La manière de charger un fusil à bascule consiste à faire jouer cette dernière et à introduire une cartouche dans la culasse, après en avoir retiré à l'aide d'un crochet celle qui est vide.

Il est facile de faire soi-même ses cartouches ou, ainsi que nous l'avons dit plus haut, de recharger celles qui ont déjà servi.

Nous n'entrerons pas dans de grands détails sur les différents modes de faire les cartouches, il nous suffira d'indiquer le procédé que nous employons et qui nous a toujours donné les meilleurs résultats:

Nous mettons tout bonnement la poudre dans la douille; nous la recouvrons, en serrant très-peu, d'une bourre épaisse de 14 à 15 millimètres (autant que possible une bourre anglaise); nous introduisons ensuite notre mesure de plomb à laquelle nous ajoutons quelquefois une pincée de fécule ou de sciure de bois, nous recouvrons le tout d'une petite bourre de 4 millimètres environ et nous formons le bourrelet.

5*

Accidents.

Nous ne saurions trop recommander la plus grande prudence au chasseur, s'il veut éviter les terribles accidents de la chasse malheureusement si fréquents.

S'il nous fallait raconter tous les malheurs auxquels nous avons assisté et dire toutes les circonstances dans lesquelles ils sont arrivés, pour mettre en garde nos lecteurs contre le retour de semblables accidents, ce volume ne nous suffirait pas. Nous ne voulons pas quitter ce chapitre sans donner quelques conseils au chasseur, et sans lui faire quelques recommandations.

Ainsi, un chasseur doit toujours tenir son fusil de façon à ce que la gueule ne soit tournée ni contre lui ni contre personne.

Avec un fusil à piston, il peut également arriver que la capsule ait fait feu sans que le coup soit parti; dans ce cas, le chasseur devra attendre quelques secondes avant de désépauler, car il peut arriver que la poudre un peu humide ne se soit pas enflammée de suite, et qu'elle parte au moment où le chasseur ne sera pas sur ses gardes.

Quelquefois aussi lorsqu'un fusil a été mouillé, on est obligé de fouiller avec une épingle dans les cheminées pour en retirer la poudre calcinée; dans ce cas encore, vous ne sauriez prendre trop de précautions, car s'il restait après la cheminée la plus petite parcelle de la poudre fulminante de la capsule, le frottement de l'épingle suffirait pour l'enflammer et pour faire partir le fusil.

Ces accidents pourront toujours être évités par l'emploi du fusil à bascule.

Habillement du chasseur.

Le chasseur à tir appelé à être exposé à toutes les imtempéries des saisons et à courir tous les jours dans la plaine et dans les bois au milieu de la boue, des ronces et des épines, ne saurait se munir de vêtements trop simples et trop solides. La toilette et l'élégance doivent être réservés pour la chasse à courre qui, du reste, puise un nouveau charme et un nouvel éclat dans le luxe dont on l'entoure.

L'été, le pantalon et la blouse de toile grise ou bleue sont de rigueur; les vêtements blancs doivent être laissés 'de côté, ils sont trop salissant et trop voyant; la chemise de flanelle, ce préservatif des refroidissements ne doit pas non plus être oubliée.

La coiffure et la chaussure doivent être légères; mais le chasseur ne doit pas oublier que par la chaleur et les longues marches, une chaussure neuve ou qui n'aurait pas été brisée d'avance pourrait le blesser.

L'hiver, un pantalon et un paletot de velours

vert, ou une blouse de laine noire avec un gilet de laine croisés, le préserveront du froid et de l'humidité.

Tous les vêtements de chasse doivent être assez amples, pour que le chasseur soit à son aise; et munis de poches assez grandes et assez nombreuses pour qu'elles puissent à la rigueur servir de carnier.

Pendant cette saison les grandes bottes ou les fortes chaussures munies de guêtres ou de jambières de cuir sont indispensables. Les bottes offrent l'avantage de pouvoir être rapidement chaussées ou déchaussées, et de permettre au pantalon d'être ainsi à l'abri de la boue en l'introduisant dans les tiges.

Les bottes doivent être assez grandes pour que par les temps rigoureux on puisse y introduire une poignée de paille.

L'huile de pieds de bœuf est excellente pour graisser les chaussures de chasse.

Le manteau imperméable qui doit retomber plus bas que le haut des guêtres ou des bottes pour empêcher les jambes d'être mouillées par la pluie doit toujours être attaché derrière le carnier.

La coiffure d'hiver consistera en un chapeau de feutre pour garantir du froid et du mauvais temps, ou en une casquette forme de melon pour ne pas être arrêté à chaque pas dans les fourés du bois.

Le chasseur doit porter dans son carnier une gourde remplie d'un mélange de café noir et d'eau pendant l'été et de bon cognac pendant l'hiver.

De l'attitude du chasseur et du tir.

Le chasseur portera toujours son fusil horizontalement dans les deux mains et ne mettra le doigt sur la détente qu'au moment de tirer; lorsqu'il passera devant quelqu'un il relèvera le canon de son fusil afin d'éviter les accidents; enfin pour sauter un fossé ou traverser une haie ou tout autre fourré, il désarmera son fusil et en le désarmant il n'oubliera pas de tourner le canon vers le ciel.

Soyez prudents chasseurs, nous ne saurions trop vous le répéter, surtout ne tirez jamais si vous voyez devant vous quelqu'un même hors de portée.

Si vous chassez au bois en ligne, tant que les feuilles ne seront pas tombées, tirez à terre ou plus haut qu'à hauteur d'homme.

Lorsque vous serez en ligne sur une route, tenez vous toujours ventre au bois, afin que lorsque l'animal traversera la route et que vous le tirerez vous ne puissiez pas blesser vos voisins; n'oubliez pas que les blessures faites dans la chasse au bois sont toujours très-dangereuses parce que l'on tire généralement de très-près et avec du gros plomb.

Lorsqu'une pièce de gibier se lève à portée de

fusil épaulez bien, ajustez avec soin, suivez un peu
la pièce et pressez la détente.

Le tir du gibier diffère essentiellement du tir à la
cible. A la chasse vous ne pouvez régler votre fusil
d'avance avec un hausse, car vous ne savez pas à
quelle distance se lèvera le gibier et par conséquent
vous ne pouvez pas le tirer avec la même précision,
aussi pour bien chasser ne suffit-il pas d'être un
bon tireur, mais faut-il faire son apprentissage
et pratiquer. Lorsque le gibier s'éloigne ou qu'il
avance, il faut pouvoir rapidement se rendre
compte de l'augmentation ou de la diminution
de la distance qui vous en sépare.

Ainsi si vous tirez un lièvre en travers à 45 mètres
environ, visez à 30 centimètres devant lui ; si c'est
un perdreau, comme cet oiseau file plus vite, prenez
40 centimètres d'avance ; si le gibier n'est pas à
plus de 30 mètres de vous, tirez en tête ; enfin ba-
sez-vous sur la rapidité de votre tir et sur la distance
qui vous sépare de la pièce.

Toutes les fois où un gibier à poil viendra sur
vous et qu'il sera à une distance de moins de 30
mètres, tirez un peu plus bas ; au contraire, si la
pièce est à plus de 50 mètres tirez plus haut, parce que
à partir de cette distance le coup commence un peu
à baisser ; à 60 mètres, il suffit de tirer à 25 ou 30
centimètres plus haut.

Un lièvre qui file droit devant vous à cinquante

mètres doit être tiré entre le sommet des oreilles.

Rien n'est facile comme de tirer le perdreau au *cul levé*; c'est-à-dire lorsqu'il se lève devant vous ; vous n'avez qu'à l'ajuster et à tirer droit sur lui ; cependant s'il dépasse la portée ordinaire, vous devez tirer un peu plus haut.

Le coup du roi consiste en ceci : lorsqu'une pièce va passer au-dessus de vous, à une distance de 20 mètres, vous l'ajustez, puis au moment où elle est sur le point de se trouver au-dessus de votre tête, vous pressez la détente en avançant le canon de 30 centimètres environ. A plus de 30 mètres, le perdreau peut très-bien passer à travers le coup de fusil.

Le lapin se tire généralement au jugé ; ce qui demande une grande expérience; que le lapin parte de près ou de loin, il ne faut jamais essayer de l'abattre avec une faible charge, car, l'hiver principalement, sa peau résiste au plomb et si sa blessure est légère, il aura bientôt disparu et dépisté les chiens en se réfugiant dans un terrier.

En plaine, un perdreau démonté est bientôt attrapé par un chien ; tandis que le lièvre et le lapin peuvent parfaitement courir avec trois pattes seulement.

Chasse au chien d'arrêt.

Maintenant que le chasseur est muni d'un bon fusil et qu'il connaît la manière de s'en servir, nous allons nous occuper des différentes espèces de chasse. Nous commencerons par la chasse au chien d'arrêt.

Pour chasser au chien d'arrêt, il ne suffit pas d'avoir un bon chien ; il faut encore savoir le conduire, mais malheureusement peu de chasseurs en sont capables. Un mauvais chasseur peut d'un bon chien en faire un mauvais. En effet combien ne voit-on pas de chiens qui, travaillant admirablement avec des chasseurs, deviennent impossibles, courent et n'obéissent plus lorsqu'ils ont passé dans d'autres mains, et cela parce que leurs nouveaux maîtres ne savent pas se faire craindre. Un chasseur devrait toujours subordonner à sa propre expérience le choix qu'il fera d'un chien ; ainsi un chien excellent mais un peu vif ne fera rien de bon avec un chasseur qui ne saura pas le tenir, tandis qu'avec un autre il pourra donner les meilleurs résultats.

Il faut toujours être muni d'un sifflet et d'un bon fouet en cuir à doubles nœuds, pour corriger votre chien lorsqu'il aura fauté ; de sorte que s'il recommence, le simple claquement de votre fouet lui fera comprendre sa faute et le fera obéir. Vous maintiendrez toujours votre chien à une distance convenable ; en plaine vous vous mettrez, autant que possible, à bon vent, et lorsque vous tirerez des perdreaux, vous regarderez toujours la remise afin de pouvoir aller les reprendre à bon vent ; pour cela, vous ne craindrez pas de faire quelques détours, autrement le gibier qui à l'ouïe très-fine se lèverait avant que vous soyez à portée et même avant que votre chien ait pu l'arrêter.

Souvent, dans un labour ou un chaume et même dans un carré de bois, un lièvre se lèvera à peu de distance de l'endroit où vous l'aurez fait lever la veille ; s'il a déjà été tiré une fois, il vous sera difficile de l'approcher, parce qu'alors il se lève presque toujours hors de portée. Le lièvre se gite le vent dans le dos de telle façon que le moindre bruit lui frappe l'oreille et l'avertit du danger ; aussi devrez-vous toujours battre la pièce à bon vent. Le lièvre ne voit pas devant lui ; souvent il ne s'aperçoit de votre approche que lorsque vous êtes tout prêt ; s'il croit que vous ne marchez pas sur lui, il ne bougera pas, se rasera et vous laissera passer. Ayez donc bien soin de battre la pièce en tous sens, de vous arrêter de temps en temps, de garder le plus profond silence et surtout de faire rester votre chien tout près de vous pour ne pas être obligé de l'appeler à chaque instant.

Lorsqu'un lièvre se lève dans un labour, il prend de suite une raie de charrue et la suit le plus vite possible en se rapetissant et en se couchant les oreilles sur le dos pour se dérober à la vue du chasseur.

Au bois, il ne ne faut pas craindre d'entrer dans les fourrés, car c'est toujours là que vous trouverez le gibier.

Lorsqu'une chasse est de peu d'étendue, il est à craindre que le gibier soit rapidement effrayé et qu'il aille de suite se réfugier chez les voisins, aussi dans ce cas a-t-on l'habitude lorsque l'on est plusieurs de chasser en ligne.

Cette chasse consiste à placer tous les chasseurs sur une ligne à une certaine distance les uns des autres. Le premier se trouve au centre même de la chasse et le dernier à une extrémité, alors les chasseurs exécutent ce que l'on appelle en terme d'équitation une *conversion*. Cette ligne tourne sur elle-même de façon à ce que le gibier qui se trouve aux extrémités de la chasse soit ainsi peu à peu rabattu vers le centre. Pour que cette chasse réussisse complètement, il est indispensable que tous les chasseurs s'entendent bien ensemble, c'est-à-dire que ceux qui sont à l'extrémité marchent très-rapidement pendant que ceux qui sont au centre ne fassent, pour ainsi dire, que pivoter sur eux-mêmes.

Chasse en battue.

On chasse en battue au bois et en plaine ; mais le plus généralement cette chasse est réservée pour

la plaine à partir du mois d'octobre lorsque le gibier ne se laisse plus approcher.

Au bois, la chasse aux chiens courants et aux bassets est toujours préférable : cependant le loup se chasse aussi en battue. Pour cela l'organisateur doit placer les chasseurs sur une route où à la sortie du bois en leur recommandant de se tenir ventre au bois ; de ne pas quitter leur poste, de laisser passer tout autre gibier, et de ne tirer le loup que lorsqu'il sera à portée.

Le loup se tire à balle ou avec du plomb 0, 2 et 0, 3 ; cet animal a le poil si épais que bien souvent le plomb ne peut pas pénétrer dans sa peau.

Le dernier loup que nous avons tué dans une battue en 1850, passant à 31 mètres, fut accueilli par une balle qui le traversa de part en part au défaut de l'épaule. L'animal étant tombé, mais s'étant relevé aussitôt, nous lui envoyâmes un coup de triple zéro, et nous courûmes après, tout en rechargeant notre fusil ; guidé par la trace de son sang nous l'eûmes bientôt rejoint, et l'animal ne tomba définitivement qu'au troisième coup de fusil. En le dépouillant, nous avons pu constater que, outre la balle, il avait reçu à l'épaule onze grains de plomb, dont un seul avait traversé, et que les dix autres étaient restés dans la peau.

Les traqueurs qui font la battue doivent partir à un signal donné en faisant du bruit pour faire fuir l'animal ; si le bruit n'est pas trop considérable, ce qui le rendrait défiant, le loup arrivera pas à pas à la lisière du bois, où bientôt il aura éventé ; mais, pressé par les traqueurs, il se décidera à en sortir.

Pour la battue en plaine, c'est un chasseur qui doit commander les autres chasseurs, et les placer ; le garde doit conduire les rabatteurs et les faire marcher toujours en formant le fer à cheval ; c'est-à-dire que les deux extrémités de la ligne seront plus avancées que le centre ; les rabatteurs qui feront lever le gibier, devront toujours annoncer les pièces et faire savoir de quel côté elles partent ; il faut aussi leur recommander de s'arrêter de temps en temps en traversant un labour pour faire lever le lièvre qui pourrait s'y trouver, de bien conserver leur distance et d'arrêter lorsqu'une décharge a lieu pour donner le temps aux chasseurs de recharger leurs fusils.

Celui qui conduit la battue doit se mettre au milieu des rabatteurs, pour être à même de les surveiller et de faire comprendre ses commandements.

Dans les battues, il est bon de placer après tous les six rabatteurs, un homme muni d'une perche au bout de laquelle on fait flotter un morceau de calicot en guise de drapeau, pour empêcher le gibier de forcer les traqueurs.

Les chasseurs doivent se placer rapidement et sans bruit et se cacher le mieux possible à l'endroit qui leur est indiqué; car le gibier qui voit placer les chasseurs ne passera pas par là et forcera plutôt les rabatteurs.

Il ne faut tirer que le gibier qui est bien à portée de peur de le manquer et d'empêcher les voisins d'en profiter.

Lorsque vous serez placé, vous tiendrez votre chien attaché par une laisse du côté opposé à celui d'où vient le gibier, car un chien un peu coureur suffit en s'échappant pour faire manquer une battue.

Chasse aux chiens courants et aux bassets.

Nous n'entendons pas parler ici de la grande chasse à courre, avec des équipages, des meutes et des piqueurs, ce serait trop nous éloigner du cadre que nous nous sommes tracé ; aussi avons-nous mis en tête de ce chapitre : *Chasse aux chiens courants et aux bassets*.

Beaucoup de chasseurs ne possèdent que deux ou quatre chiens courants ou bassets avec lesquels ils chassent le lièvre, le lapin et le chevreuil; c'est à eux que s'adressent nos conseils.

Cette chasse est fort amusante, mais fort difficile à bien organiser et à bien conduire.

D'abord il est indispensable que les chiens aient l'habitude de chasser ensemble, qu'ils soient du même pied, et surtout qu'ils soient menés toujours par la même personne.

Les bons chiens courants et les bons bassets sont fort rares ; il faut se trouver fort heureux quand on en a un de bon sur quatre, pourvu qu'ils soient habitués ensemble.

Lorsque des chiens ont lancé une bête, leur conducteur doit les suivre le mieux possible, les appuyer, les exciter et veiller à ce qu'ils ne prennent pas le contre-pied.

Quand les chiens chassent un lapin, ils cessent de donner de la voix aussitôt que l'animal est terré.

Lorsque les chiens courants prennent de l'âge, ils ne sont plus bons qu'à chasser le lapin ; ces pauvres bêtes sont si courageuses que si vous les laissiez chasser d'autre gibier, bientôt elles seraient rompues. Il n'est pas rare de voir des bassets ou des chiens courants rentrer tout boiteux au chenil ; souvent même on est obligé de les porter, surtout quand ils ont chassé un vieux lièvre. Cet animal emploie toutes les ruses imaginables pour essayer d'embrouiller les chiens ; mais plus il court, plus ses pieds s'échauffent et plus ses traces leur sont sensibles ; souvent il longe un chemin et quand il rencontre un carrefour, il se râse en entrant dans chaque allée et en revenant sur lui, puis il court de toutes ses forces pour ratrapper la distance qu'il avait sur les chiens. En plaine il se fait le plus petit possible et longe une raie de charrue; s'il rencontre quelque flaque d'eau, il la traversera pour dépister les chiens; il ira se râser parmi les moutons dans l'espérance que ceux-ci effrayés trépigneront le terrain et effaceront ses traces; il montera sur un mur démoli, ou sur un arbre penché; enfin il finira par donner le change.

Si vous avez affaire à un lièvre coureur qui n'est pas du canton, il emmènera les chiens chez les voisins et si loin que vous ne pourrez pas les faire revenir si vous n'allez pas les couper.

La chasse aux chiens courants est une véritable science; et souvent le plaisir des chasseurs dépend de l'intelligence de celui qui la dirige.

La chasse du renard diffère peu de celle du lapin; ces deux animaux se terrent, mais le lapin s'écarte moins que le renard. Il est bon de boucher les terriers d'avance et de se servir de bassets de la petite espèce; le gibier sera mené plus doucement et ne cherchera pas à rentrer de suite au terrier.

Aussitôt lancé, le lapin court rapidement et va se faire battre dans l'endroit le plus fourré; il revient alors à son lancé, se râse dans l'herbe et laisse passer les chiens qui souvent le font relever à coup de dents et quelquefois même parviennent à l'étrangler; enfin lorsqu'il a usé de tous les moyens, il essaie de rentrer au terrier, où le chasseur doit toujours être posté.

Il est bon aussi de l'attendre sur le bord des allées ou dans une clairière située à l'endroit le plus fourré du bois ; là, souvent vous le verrez s'arrêter devant vous quoique les chiens soient encore bien loin ; en effet, le lapin donne une course et s'arrête pour écouter la voix des chiens, et si vous ne faites la plus grande attention et le plus profond silence, vous vous apercevrez, quand il n'en sera plus temps, que le lapin est venu s'arrêter à 5 ou 6 mètres de vous, et qu'il s'est enfui en vous entendant.

Toutes les fois où vous aurez tué un lièvre ou un lapin, ne manquez jamais de le faire flairer au chien et même de leur faire mâchonner légèrement pour leur en faire prendre le goût ; pendant ce temps vous les carresserez de la main en leur parlant et en les appelant par leur nom.

Chasse au furet.

Le furetage se fait à l'aide de bourses que l'on tend aux ouvertures des terriers. Lorsqu'on n'a pas assez de bourses, on bouche avec soin les trous où l'on ne peut pas en tendre ; si cependant les terriers avaient un grand nombre d'ouvertures, ou si l'on voulait fureter un toisé de pierres, le mieux serait de l'entourer d'une pièce de panneau.

On dit qu'on furette à blanc, lorsqu'on tire au fusil, les lapins au fur et à mesure qu'ils sortent des terriers. Si les endroits que l'on veut fureter ont une grande étendue et offrent des difficultés, il est bon de mettre plusieurs furets. Pendant cette opération le plus profond silence est indispensable.

Il arrive quelquefois que le furet reste dans le terrier, quoiqu'on ait employé tous les moyens possibles pour le faire sortir, et que l'on ait tiré un un coup de fusil à poudre à l'une des ouvertures; il faut alors allumer une brassée de paille à l'ouverture où frappe le vent, pour que la fumée puisse entrer dans l'intérieur, et force ainsi le furet à sortir. Souvent le furet reste dans le terrier, parce qu'un lapin s'est fourré dans un accul, et qu'il est parvenu, après bien des difficultés, à le saisir au cou, derrière l'oreille; il lui suce alors le sang jusqu'à ce que la pauvre bête ne fasse plus de mouvement. Quand le furet a bien savouré ce plaisir, il se couche dessus; aussi ne peut-on pas le faire ressortir.

Quand on est ainsi obligé d'abandonner le furet dans le terrier, il faut avoir soin d'en fermer toutes les ouvertures; on mettra à l'entrée la plus fréquentée, ou plutôt à celle par où aura été mis le furet, un peu de litière et son sac; parce que, lorsqu'il sera fatigué de courir après les lapins, il trouvera la litière et son sac sur lesquels il finira certainement par venir se coucher ; il sera bon aussi de lui apporter tous les jours un peu de lait.

Il pourra arriver que des lapins, enfermés dans le terrier avec le furet, parviennent à déboucher les ouvertures ; aussi devra-t-on aller les visiter le soir une ou deux heures après la tombée de la nuit.

Si le furet, en entrant dans le terrier, fait entendre une espèce de petit grondement et rebrousse son poil, on peut être sûr qu'un putois, cruel ennemi du lapin, s'y est introduit pour chasser.

DU CHIEN DE CHASSE.

Mieux que tout autre nous pouvons parler du chien ; depuis notre enfance l'éducation de cet animal a toujours été notre occupation favorite, et depuis 1850 jusqu'au moment où nous écrivons, nous avons dressé plus de trois cents chiens de chasse.

Le chien en général est un animal rempli d'instinct et d'intelligence ; on en a vu qui, perdus à 60 kilomètres du domicile de leur maître, avaient seuls retrouvé leur chemin et étaient revenus en peu de temps.

Le chien de berger est sans contredit celui que la nature a le mieux doué ; pour la surveillance du troupeau, il comprend les moindres signes de son maître ; il pourrait être également dressé à garder d'autres chiens.

Le chien de garde est plus fort et certainement aussi intelligent ; il est plus méchant et plus terrible ; il défend son maître jusqu'à la mort pour le préser-

ver du danger; il se fait aux habitudes de la maison ;
il sait que par des aboiements il doit prévenir ses
maîtres de l'approche d'un étranger, et même s'il
est seul, il s'élance pour dévorer ceux qui veulent
pénétrer dans la maison qu'il a sous sa garde.

Le chien de chasse est de tous les chiens celui qui
a le plus d'odorat et qui le conserve le plus longtemps; il est le complément indispensable du **vrai**
chasseur qui chasserait plutôt sans fusil que sans
chien.

Tout chien de chasse, quelle que soit sa **race**, a
besoin d'être dressé; il est vrai de dire cependant
que, selon les espèces, la réussite est plus ou moins
rapide.

Différentes espèces de chiens.

Nous connaissons une vingtaine de races de
chiens de chasse, dans lesquelles on rencontre plus
de quatre-vingts espèces qui diffèrent et par la taille
et par la couleur.

Les principales races de chiens d'arrêt sont le
braque, l'épagneul, le griffon et le barbet.

Le *braque* est le chien de plaine par excellence et
chasse aussi bien le poil que la plume. Sa vigueur,
sa quête, la finesse de son odorat est remarquable;
mieux que tout autre il supporte le manque d'eau et
la chaleur. Il quête le nez haut et avec prudence,

évente et arrête de loin le gibier ; sa queue bat continuellement ses flancs ; aussi au bois est-elle souvent déchirée et ensanglantée par les ronces et les épines. Pour obvier à cet inconvénient, bien des chasseurs ont l'habitude de lui couper la queue, mutilation que nous ne pouvons comprendre que pour les chiens qui la portent mal.

Le braque est de taille moyenne ; il a le poil ras et fin ; les oreilles bien cassées et assez longues ; le nez court et le fouet effilé. Ordinairement sa robe est blanche avec des taches marrons et brunes.

Il y a aussi le braque à double nez et le braque à queue courte ou *braque du Bourbonnais ;* cette dernière variété est très-trappue et résiste parfaitement à la fatigue.

Le *braque de Saint-Germain* est blanc, taché orange. Ces chiens issus du croisement d'un pointer anglais et d'une braque française, sont très-précoces ; dès l'âge de six mois, ils éventent et arrêtent de très-loin ; lorsque le gibier coule devant eux, ils le suivent en rampant comme des serpents ; ils tiennent admirablement l'arrêt et ne forcent jamais ; ils arrêtent surtout sur les gîtes, sur les passages du gibier et même sur les nids d'oiseaux. Leur jarret d'acier leur fait reprocher de s'écarter en chassant ; en effet ils sont beaucoup plus rudes et moins dociles que nos braques français.

L'*épagneul* est aussi un beau et bon chien d'arrêt ;

il convient principalement dans les endroits couverts, boisés et marécageux. Il chasse le nez bas et donne de la voix sur les lapins ; il va très-bien à l'eau qu'il recherche par la chaleur et même par le froid.

L'épagneul arrête bien, mais ne marque pas l'arrêt d'avance : il rencontre et tombe en arrêt tout d'un coup, et souvent le nez sur la pièce.

L'épagneul est d'assez grande taille ; il a les oreilles pendantes, le poil long et soyeux, la queue ornée d'un panache. La couleur de sa robe est à peu près la même que celle du braque.

Le *griffon* est un chien d'arrêt peu précoce, mais qui devient souvent très-bon en vieillissant. Comme l'épagneul, il convient très-bien au bois et au marais ; l'eau lui est indispensable. Il chasse le nez ssez bas et s'écarte très-peu de son maître ; il bat avec ardeur les fourrés et donne de la voix sur les lapins.

Le griffon a le poil long et rude, les oreilles courtes et épaisses ; une poignée de poil hérissé lui retombe sur les yeux.

Le *barbet* est un médiocre chien d'arrêt ; mais très-fort pour aller à l'eau ; il est particulièrement propre à la chasse au marais. Il rapporte très-bien et est très-intelligent.

Le barbet a le poil frisé et laineux ; sa tête en est tellement chargée, que souvent on est obligé de raccourcir les énormes touffes qui lui retombent sur les yeux. Il est bon de le tondre pendant l'été.

Le *basset* est de deux variétés : le basset à jambes droites et le basset à jambes torses.

Le basset mène à voix le chevreuil et le lièvre et tout ce qui se terre : tel que lapin, blaireau, renard, etc. C'est un chien très-trapu, très-fort, bas sur jambes ; il a la tête légère, le museau long et pointu ; les oreilles longues et bien pendantes et la queue en trompe.

Le *chien courant*, spécialement réservé pour les grandes chasses, ressemble au basset ; mais il est beaucoup plus fort et a surtout plus de pied.

Le *limier* est également un chien de chasse à courre ; il sert à quêter et à détourner la grosse bête.

Manière d'avoir de bons chiens de chasse et de les dresser.

Les chasseurs n'attachent pas une assez grande importance au choix de leurs chiens. La plupart du temps ces derniers, quoique ayant toute l'apparence de chien d'arrêt, n'arrêtent pas ; ou bien ce sont des bêtes abâtardies, sans races ou complètement dégénérées, résultat d'un accouplement fait sans soin et sans intelligence. Aussi croyons-nous être agréable aux chasseurs en leur donnant quelques conseils sur les précautions qu'ils devront prendre pour se procurer de bons chiens.

Avant toute chose, il faut avoir une belle et bonne lice de la race la plus pure et la plus fine et la faire couvrir par un beau et bon chien de la même espèce ; l'un et l'autre ne doivent pas avoir moins de dix-huit mois, ni plus de six ans.

La chaleur de la lice se reconnaît au gonflement et à l'humidité sanguinolante des parties de la génération. Elle dure généralement de douze à quinze jours.

Lorsque la lice est tout à fait en chaleur, il faut la faire couvrir après avoir attendu deux ou trois jours et la tenir enfermée au moins pendant une semaine pour lui éviter le contact de tout autre chien, ce qui pourrait nuire à la pureté de la race que l'on veut obtenir. Enfin il ne faut la laisser libre qu'après s'être assuré qu'elle ne veut plus supporter le chien.

Une chienne bien en folie doit tourner la queue à l'approche du mâle. Il arrive souvent aux chiennes d'avoir de fausses chasses ; dans ce cas, il ne faut jamais les faire couvrir de force, il pourrait en résulter de graves inconvénients.

Quoiqu'il ne nous appartienne pas de juger ici l'influence de la consanguinité, nous pensons qu'il faut éviter de faire couvrir une chienne par son père ou ses frères, ainsi que de la laisser s'accoupler toujours avec le même chien.

On devra autant que possible faire couvrir les lices en décembre, janvier, février et mars, afin qu'elles puissent faire leurs petits dans la bonne saison.

La chienne porte de soixante à soixante-trois jours. On peut constater son état de gestation au bout de cinq à six semaines : le ventre se porte en arrière et la vulve est gonflée. On peut encore en la tâtant, sentir les petits chiens gros comme de petites boules.

A l'approche de la parturition, il est bon de ne plus faire chasser la chienne, de la laisser libre dans une cour et de la promener souvent; sa nourriture devra consister en une bonne soupe.

La chienne fait de six à quinze petits qui voient clair à dix jours environ. On ne lui laissera que le nombre de petits qu'elle peut nourrir, c'est-à-dire trois ou quatre ; on ferait bien cependant de lui en laisser un de plus pendant deux ou trois jours dans le cas où elle en étoufferait un, ce qui arrive souvent aux jeunes chiennes.

Dans une parturition laborieuse, si les petits sont morts dans le corps de la bête ou ce qui arrive fréquemment pour les lices trop jeunes, si le premier est mort et si les autres sont arrêtés au passage, il faut graisser la vulve avec de l'huile et à l'aide des

doigts également graissés, les tirer à soi avec précaution en profitant des douleurs de la mère. Le
mieux encore sera de faire appel aux lumières du
vétérinaire en temps opportun.

Pour faire passer le lait à une chienne, on lui
frotte à plusieurs reprises, pendant quatre ou cinq
jours, les mamelles avec de la terre franche ou du
blanc d'Espagne délayé dans du vinaigre et on la
purge avec une once de sirop de Nerprun dans un
peu de lait.

Lorsque la lice a fait ses petits, il faut lui faire prendre une bonne soupe et lui donner une nourriture
substantielle pendant tout le temps qu'elle allaite ; si
elle tombe malade ou si elle prend en dégoût sa nourriture ordinaire, il sera bon de lui faire manger de
la viande crue, du mou par exemple, et hachée en
morceaux.

On laisse les petits têter leur mère pendant cinq
ou six semaines selon son lait et selon le nombre
de petits qu'elle élève.

Il faut les plus grands soins pour pouvoir élever
l'hiver, des petits chiens sans la mère. Pendant le
jour vous les mettrez dans un panier ou dans une
boîte auprès du feu ; le soir vous les porterez à l'é-
curie dans un tonneau défoncé où vous aurez mis une
ou deux bouteilles d'eau chaude recouvertes de
paille. Jusqu'à l'âge de quatre mois ils mangeront
de la soupe faite avec un peu de lait. Quand ils au-

ront atteint cinq ou six mois, vous pourrez les mettre au chenil avec les autres chiens; cependant vous aurez le soin de leur réserver de temps en temps quelques douceurs, et de les purger tous les mois avec de la manne ou avec 30 grammes de sirop de Nerprun dans un peu de lait.

Il est indispensable pour la santé des chiens de varier leur nourriture. La soupe faite avec du pain de creton et de la farine d'orge est très-nourrissante; mais il ne faut pas cependant abuser du pain de creton dont les chiens sont très-friands; il ne faut en ajouter à la farine d'orge que pour les engager à en manger, parce que ce pain est très-échauffant et occasionne souvent la gale. Il est bon aussi d'ajouter à cette soupe du chou, de l'oseille, de la chicorée sauvage et de la salade montée ou même encore des pommes de terre.

Avec deux repas dont l'un à onze heures, composé de cette soupe, l'autre, le soir, consistant en une pâtée de pain bis dans de l'eau grasse, des chiens se porteront toujours très-bien.

Le chien marque son âge jusqu'à cinq ou six ans; passé cette époque la fleur de lys s'efface et disparaît.

Un chasseur qui n'a qu'un ou deux chiens et qui les nourrit des débris de sa cuisine, ne les aura jamais malades.

Le grand nombre des chiens réunis sous un seul

chenil et la malpropreté sont les principales causes des maladies des chiens; aussi le chenil devra-t-il être tenu très-propre; l'été, les chiens coucheront sur les planches que vous ferez recouvrir de paille pendant l'hiver, en ayant bien soin de la faire secouer tous les jours.

Autant que possible le chenil sera vaste et exposé au soleil levant pour que la chaleur douce et naturelle du matin égaie les chiens; le midi est trop brûlant; cependant dans le cas où vous ne pourriez pas le placer ailleurs, il faudrait y planter quelques arbres pour y donner de l'ombrage. Vous aurez soin d'entretenir les chiens d'eau fraîche et de la renouveler plusieurs fois dans la journée.

Des maladies.

Maladie des chiens. — Presque tous les chiens et principalement les chiens de chasse et les chiens de berger sont sujets dans leur jeune âge à cette maladie. Ils y sont exposés depuis l'âge de cinq à dix mois jusqu'à un an au moins. Cette maladie fort dangereuse doit toujours être prévenue autant que possible par les soins que nous allons indiquer.

Aussitôt qu'un jeune chien a été sevré, il faut le purger deux fois par mois; si le chien refuse de prendre sa médecine, il suffit pour la lui faire avaler, de la lui verser dans le gosier à l'aide d'une petite bouteille dont on lui introduit le gouleau dans les babines. Il est bon aussi pendant cet âge critique d'éviter de donner au jeune chien de la viande ou toute autre nourriture échauffante et de lui laisser le plus de liberté possible.

Toutes ces précautions deviennent inutiles du jour où la maladie s'est déclarée, ce que l'on reconnaît à des indices certains ; l'animal refuse de manger, il maigrit, il fait le gros dos, ses yeux deviennent chassieux, son nez jette de l'humeur, son haleine est infecte, il bave et quelquefois même il devient galeux. Il faut donc lui administrer de suite de prompts secours en commençant par les purgations. On lui fait prendre le matin à jeûn pour lui dégager l'estomac une cuillerée d'huile dans laquelle on aura fait dissoudre une forte pincée de sel, et dans la journée on lui donne en guise de boisson de la tisane de chiendent miellée. Il est bon de lui administrer en outre quelques lavements adoucissants et de lui faire des injections d'eau de mauve dans les naseaux.

Si la maladie semble faire des progrès sensibles, il faut avoir recours à des remèdes plus sérieux ; le mieux sera de lui passer de suite au cou un séton qu'on aura le soin de lui laver tous les jours ; si le séton ne prend pas, le chien est perdu.

Pendant sa maladie, le chien aura une bonne litière dans un endroit ni trop chaud ni trop frais ;

sa nourriture consistera en une bonne soupe claire.

Si la maladie le prend par les convulsions, et s'il tombe comme du haut mal ou d'une attaque de rage, en écumant et en se débattant, sans pouvoir se tenir sur ses pattes, s'il ne reconnaît plus son maître, crise qui dure généralement une demi-heure, la maladie est incurable et même contagieuse pour les jeunes chiens. Lorsque la crise est passée, le chien semble être revenu à la vie, il reprend ses habitudes, et mange comme s'il était bien portant; mais tous les jours son état d'amaigrissement augmente, et bientôt, c'est-à-dire au bout de neuf à dix jours, il succombe.

Rage. — La rage est une maladie nerveuse qui peut attaquer tous les animaux, mais qui se rencontre plus fréquemment chez les chiens. Une des principales causes de la rage est le besoin de coït; à en juger par les chiens que nous avons et qui sont généralement au nombre de quinze ou vingt, nous sommes très-porté à ajouter foi à cette opinion. En effet, lorsqu'une chienne est en folie, et quoique nous ayons eu soin de l'éloigner du chenil, tous les chiens la sentent et l'entendent. Pendant quinze jours, le chenil est en révolution : le chien même le plus craintif ne vous écoute plus; tous, ils sont jaloux l'un de l'autre; pour le plus léger motif, ils se battent et se déchirent. Cependant il est rare que des chiens bien soignés deviennent enragés.

La rage se déclare principalement sur les chiens vagabonds, que les maîtres laissent vivre à peu près au hasard, comme cela arrive malheureusement si souvent dans nos campagnes. Ces animaux courent dans la ville et même dans les pays voisins après les chiennes en chaleur, et restent quelquefois huit ou quinze jours sans rentrer ni manger. Quand ils reviennent au logis, ils ne peuvent plus se tenir sur leurs pattes, ils sont exténués d'avoir couvert les chiennes et de s'être battus ; souvent ils ont passé des nuits entières devant les maisons où se trouve une chienne en folie, à hurler et à ronger la porte. Presque toujours ces chiens sont bientôt atteints des premiers symptômes de la rage.

C'est au printemps, époque de la folie des chiennes ou pendant les chaleurs caniculaires que l'on rencontre le plus de chiens atteints d'hydrophobie.

Le chien enragé est triste et abattu ; ses yeux sont enflammés, son regard est menaçant ; il erre çà et là, les oreilles basses et la queue entre les jambes, la gueule écumeuse et la langue pendante ; quelquefois en marchant il se heurte à ce qu'il rencontre. Il se jette sur sa nourriture et semble l'avaler sans la mâcher ; mais il n'a pas encore perdu la connaissance de son maître ; à le voir vous croiriez qu'un os lui est resté piqué dans la gorge ; mais gardez-vous bien de lui mettre les doigts dans la gueule, car pour que la rage vous soit communiquée, il suffit que la plus petite quantité de salive du chien enragé soit déposée sur quelque partie de votre peau dépouillée de son épiderme.

Lorsqu'un chien a été mordu par un chien enragé, le plus sûr remède est de le tuer ; si cependant il est de quelque valeur, on peut essayer de brûler profondément de suite la morsure avec un fer rouge ou de la cautériser avec la pierre infernale ou du beurre d'antimoine. Le chien devra, dès lors, être tenu enchaîné et surveillé au moins pendant un mois. Le mieux sera encore de le confier aux soins d'un vétérinaire.

On prétend qu'une fois la rage déclarée, le chien ne peut vivre en cet état que pendant neuf jours.

On connaît plusieurs espèces de rage ; les deux premières sont les plus dangereuses : avec la première, le chien mord tout ce qu'il rencontre, avec la seconde, il ne mord que les animaux. La rage est aussi souvent engendrée par la maladie du jeune âge ; mais les chiens n'ont pas la force de mordre.

Gale. — Chez les chiens, la gale se développe par la malpropreté et par la mauvaise nourriture. C'est une maladie contagieuse qui se communique par le simple contact immédiat ou par l'intermédiaire des objets qui ont été en rapport avec les chiens atteints de cette maladie.

Il y a deux sortes de gale : l'une que l'on reconnaît à l'éruption de petits boutons qui surviennent sous les aisselles, sous le ventre et sous les cuisses ; l'autre, plus mauvaise, qui se montre autour des yeux et dessus les oreilles en forme d'écailles sèches ; la démangeaison est telle que les chiens ne peuvent la supporter ; à force de se gratter ils s'arrachent la peau jusqu'au vif, et en peu de temps, toutes les parties malades ne présentent plus qu'une croûte supureuse. Cette espèce de gale est appelée *roux-vieux*.

Aux premiers symptômes de la gale, il faut graisser les parties malades de l'animal à l'aide de la *pommade sulfureuse* dont nous allons donner la recette ; prise ainsi à temps, la maladie ne pourra pas se développer et sera rapidement guérie.

Faites fondre sur un feu doux, 200 grammes de suif de mouton avec 130 grammes de pannes de porc ; tirez à clair, et laissez refroidir jusqu'à ce que vous puissiez y endurer la main ; ajoutez alors un quart de litre d'huile de cade, 25 centimes de fleur de soufre et 15 centimes de camphre ; remuez et mélangez bien le tout, mettez en pot et laissez figer.

On peut remplacer l'huile de cade par de l'huile de lin qui a moins mauvaise odeur, mais qui cependant vaut moins que la première.

Si la maladie a déjà pris quelques développements, il faudra faire prendre à votre chien des bains sulfureux. Deux ou trois bains de trois quarts d'heure chacun, pris tous les deux jours, suffiront pour le guérir. Si cependant la maladie était déjà ancienne et avait pris un certain caractère de gravité, il faudrait aller jusqu'à dix bains espacés comme nous venons de le dire. En même temps, il faudrait purger le chien assez souvent avec une bonne cuiller de fleur de soufre délayée dans un sou de lait. Il serait encore bon, si l'animal s'est écorché en se grattant, de lui graisser les parties malades avec notre onguent sulfureux ; enfin, au sortir du bain, il faudra étendre le chien au soleil, ou tout au moins dans une écurie, ou tout autre endroit chaud, sur une bonne litière afin qu'il puisse se ressuyer.

Voici la manière de préparer le bain sulfureux :

Mettez dans un vase de terre ou de grès, cinq litres d'eau avec cinq cents grammes de sulfure de potasse concassé ; au bout de vingt-quatre heures, tirez à clair, et mettez le tout dans des bouteilles de grès ; la liqueur tirée à clair ne doit pas fournir plus de quatre litres.

Prenez alors un baquet ou un bain de siége en zinc assez grand pour que le chien puisse y rester trempé jusqu'au cou ; remplissez d'eau tiède, et ajoutez-y un litre de la dissolution de sulfure de potasse, ainsi qu'un verre de vinaigre pour faire blanchir le bain. Enfin, après avoir attaché les quatre pattes du chien, c'est-à-dire chaque patte de devant avec chaque patte de derrière, placez-le dans le baquet où vous le maintiendrez pendant trois quarts d'heure ; si le chien se débattait et voulait mordre, il faudrait le museler. Il serait bon aussi, si toutes les parties malades du chien ne trempaient pas, de les humecter en versant dessus du liquide avec la main. N'oubliez pas préalablement de mettre de côté votre montre et le collier du chien, vu que l'acide sulfureux, qui se dégage, attaque et noircit tous les métaux.

Dartres. — Les dartres ont beaucoup de rapport avec la gale ; comme elle, c'est une maladie contagieuse, mais beaucoup moins grave. Elles sont la conséquence d'un sang âcre, et se présentent sur la peau du chien, lorsqu'il a le poil hérissé, sous forme de petites plaques rouges de la grandeur d'une pièce de cinq francs en argent. Au bout de quelques jours, ces petites plaques deviennent suppureuses ; lorsqu'elles sont bien soignées, elles disparaissent en une quinzaine de jours, et le poil repousse au bout de quatre ou cinq semaines.

Pour guérir les dartres on peut se servir des procédés employés pour la gale ; mais lorsqu'elles sont peu nombreuses, il suffit de les graisser plusieurs fois par jour avec notre pommade, ou de les laver avec du liquide sulfureux et de purger le chien avec de la fleur de soufre.

Il ne faut pas se hâter de les faire passer aux jeunes chiens, parce que souvent pour eux c'est un exsutoire par où s'en va leur mauvais sang.

Vermine. — Les poux se développent ordinairement sur les chiens jeunes ou vieux qui sont tenus assiduement à l'attache. Pour les détruire, il suffit d'enduire le chien qui en est atteint d'onguent gris et de l'exposer au soleil; le lendemain il en sera complètement débarrassé.

Un bain de sulfure de potasse suffit également pour détruire les poux et les puces.

Mal d'oreille. — Le chien est très-sujet aux maux d'oreille; il faut de temps en temps lui laver les oreilles en y introduisant de l'eau de savon tiède avec une petite seringue en verre. Après les lui avoir bien décrassées et bien frottées, on y fait couler un peu d'huile d'amende douce.

Chancre. — Le chancre est encore un mal très-fréquent chez le chien de chasse et principalement chez le braque; cette affection attaque les oreilles du chien qui se les bat continuellement contre la tête et se les met en sang.

Les chancres doivent être cautérisés avec un fer chauffé à blanc, ou avec la pierre infernale; on graisse ensuite la plaie plusieurs fois par jour avec de l'huile de navette. Il est en outre indispensable d'envelopper la tête du chien dans un filet, pour qu'il ne puisse pas s'écorcher les oreilles.

Engravée et crevasses. —Lorsque la terre est dure, par la sécheresse ou par la gelée, les chiens qui n'ont pas sorti depuis longtemps, sont sujets à s'engraver, à se cravasser et à s'écorcher les pieds. On les guérit avec l'onguent suivant :

Faites fondre au bain marie parties égales de panne de porc et de cire blanche; tirez à clair et ajoutez une quantité semblable d'huile. Lorsque le mélange sera suffisamment refroidi pour que vous puissiez y endurer le doigt, ajoutez un jaune d'œuf bien battu et un peu de suie; après l'avoir bien mélangé, mettez votre pommade en pot, et laissez figer.

Après avoir bien lavé les pieds du malade, vous les graisserez avec de cet onguent, et vous les envelopperez dans un linge. Le chien devra rester au repos pendant quelques jours. En renouvelant ce traitement plusieurs fois, le chien sera promptement guéri.

Morsure de vipères. — Beaucoup de personnes ne savent pas distinguer la vipère de la couleuvre dont les morsures ne sont pas venimeuses.

La vipère diffère de la couleuvre en ce qu'elle est moins longue et moins grosse; elle a soixante centimètres environ de long; sa tête est surmontée d'un espèce de V ou d'A, selon le côté dont on la regarde; sa queue ressemble assez à celle d'un rat, tandis que celle de la couleuvre va toujours en diminuant et se termine en pointe.

La vipère très-commune dans nos pays a les dents très-aiguës et très-fines; les deux de devant très-longues sont couchées le long de la machoire et ne s'allongent que pour mordre. C'est par ces dents, qui sont creuses et qui forment une espèce de petit conduit, qu'elle projette son venin dans la morsure.

Lorsqu'un chien a été mordu par une vipère, il faut à l'aide d'un canif fendre la plaie ou la partie enflée si l'on ne trouvait pas la morsure et y verser quelques gouttes d'alcali qu'un chasseur doit toujours porter dans son carnier. Si l'on n'avait pas d'alcali, on pourrait après avoir pressé la morsure, pour en faire sortir le venin autant que possible, y déposer une pincée de poudre et y mettre le feu.

Oreillon. — Cette affection attaque ordinairement les chiens d'environ un an ; les glandes qui se trouvent de chaque côté du cou du chien et la gorge sont enflées de telle façon que le gosier est bouché et que le chien ne peut rien avaler. Il jette beaucoup de salive.

En introduisant dans la gorge de l'animal plusieurs fois par jour une cuillerée de vinaigre mêlée avec un peu d'eau miellée, le chien guérira en peu de jours.

Empoisonnement.—Lorsqu'un chien aura avalé des boulettes ou autres appâts empoisonnés, il faudra de suite lui faire prendre dans du lait ou à défaut dans de l'eau tiède un peu de vomitif pour les lui faire rejeter. On lui donnera ensuite dans du lait une purgation de sirop de Nerprun ; les blancs d'œufs et le lait sont d'excellents contre-poisons.

Dyssenterie. — La dyssenterie est une affection contagieuse et fort dangereuse, principalement pour les jeunes chiens.

Nous recommanderons de faire avaler aux chiens atteints de cette indisposition une infusion de plantin ou mieux encore un ou deux grammes d'alun dans trois blancs d'œufs bien battus. Il èst indispensable en outre de leur administrer un ou deux lavements par jour à l'eau de riz légèrement amidonnée. Si l'animal voulait manger le riz crevé, cette nourriture produirait un excellent effet.

Pour donner un lavement aux chiens, il faut être deux personnes ; l'une prend l'animal entre ses jambes, et s'empare de ses pattes de derrière en le soulevant de façon à présenter la partie postérieure de son corps à l'autre personne qui peut dès lors lui administrer facilement le remède.

Quelques cuillerées de vin de quinquina sont excellentes pour réconforter un chien affaibli par la dyssenterie.

Dressage des chiens bassets et des chiens courants.

Dès que les bassets ont atteint l'âge de huit à neu mois, il faut les habituer à marcher accouplés et obéir à la voix de leur maître.

Pendant que quelqu'un tient les chiens accouplés, le dresseur doit se mettre à quelque distance et les appeler par leurs noms, *(Ta mireau, ta belleau)* en leur montrant des friandises; au bout de quelques minutes celui qui les tient, doit les découpler et les lâcher en les excitant de la voix et en leur disant : *Allez, allez mes petits.* Lorsqu'ils sont arrivés auprès de lui, le dresseur doit les caresser et leur donner les friandises; après avoir répété deux ou trois fois par jour ce petit exercice, les chiens obéiront bientôt à la voix. Au bout de quelques jours il sera bon de remplacer les friandises par un lapin vivant auquel on aura attaché une pierre à la patte pour l'empêcher de courir trop vîte; on lâchera le lapin sous le nez des chiens, pour qu'ils puissent l'attraper et l'étrangler. Une autre fois pour les empêcher de s'habituer à chasser à vue après avoir lâché le lapin dans les grandes herbes, on les amènera sur la voie toute fraîche en leur criant : *Après mon mireau, après mon belleau.*

Par ce travail répété plusieurs fois, les bassets seront rapidement dressés.

Pour les chiens courants, un lièvre blessé remplacerait parfaitement le lapin.

En allant en chasse ou en revenant, les chiens devront toujours être accouplés et maintenus derrière le chasseur.

Dressage des chiens d'arrêt.

Le dressage du chien d'arrêt se fait en toutes saisons ; mais principalement un mois avant et après l'ouverture de la chasse, et encore au moment de la pariade.

Dès le premier âge, on doit habituer le jeune chien à marcher en laisse, à obéir au commandement, et à être muselé ; on devra également de bonne heure l'empêcher d'être peureux en tirant souvent auprès de lui des coups de fusil.

C'est à l'âge de dix à douze mois environ, et surtout avant qu'il ait pris de mauvais principes, que le jeune chien devra commencer son instruction. Pendant quelque temps il faudra le mener souvent au bois et en plaine pour lui donner le goût de la chasse et lui apprendre à connaître le gibier ; les premiers jours il courra après tout ce qu'il fera lever, alouettes, corbeaux, hirondelles, enfin après tout indifféremment ; il faudra le laisser faire, car il s'en déshabituera promptement ; mais cependant s'il continuait à le faire trop longtemps, il serait bon alors de lui donner une correction.

Il est vrai que quelques chiens s'apprennent tout seuls à rapporter, mais c'est l'exception, et encore vous ne les voyez jamais comme les chiens dressés, se tenir fièrement aux pieds de leur maître avec le gibier dans la gueule jusqu'à ce que celui-ci ait fini de recharger son fusil.

Du rapport. — Presque toujours un dresseur fera facilement rapporter un jeune chien qui n'aura encore ni chassé ni vu tomber de gibier, mais il n'en sera pas de même avec un chien que le maître voudra faire dresser après une première campagne de chasse. Dans ce cas le dressage sera beaucoup plus difficile et demandera plus de temps ; encore le dresseur ne pourra-t-il pas toujours répondre de la réussite complète.

Pour faire rapporter un chien on a recours au collier de force. — Cet instrument est un collier de cuir garni de deux ou trois rangées de clous dont les pointes dépassent à l'intérieur. Il est bon d'en avoir toujours deux ; l'un plus fort que l'autre avec des clous plus longs et plus aigus pour les chiens de première force qui ont de grands poils, tandis que le petit doit servir aux chiens de petite taille et qui ont la peau fine.

Les premières leçons consistent à faire mettre le chien sur le derrière et à lui introduire le bâtonnet dans la gueule en la lui ouvrant de force avec la main. Le bâtonnet est un petit morceau de bois carré long de trente centimètres environ, traversé à chaque extrémité par deux chevilles également en bois qui le soutiennent à dix centimètres de terre, afin que le chien puisse le saisir facilement avec la gueule. Si le chien ne voulait pas tenir le bâtonnet, il faudrait le lui maintenir de force; lorsqu'il a fait cet exercice plusieurs fois, on lui jette le bâtonnet à deux ou trois mètres en lui disant : *apporte* et en le conduisant par la corde attachée à son collier de force, ce qui le fait avancer; s'il refuse de le ramasser, d'une main en serrant le collier on lui fait entrer les pointes dans le cou et par conséquent baisser la tête, de l'autre on lui introduit le bâtonnet dans la gueule, et on le fait avancer de quelques pas en disant : *apporte;* enfin, on le fait mettre sur le derrière et on lui retire le bâton en lui disant : *Tout beau, donne à ce maître.*

Au bout d'un mois de ce travail répété deux ou trois fois par jour, le chien devra prendre le bâtonnet sans difficulté. On remplacera alors le bâtonnet par une peau de lapin empaillé, ensuite par une autre peau de lapin remplie de sable pour imiter le poids et la souplesse d'un lapin naturel, et enfin par du gibier mort. Si la chasse n'est pas ouverte, on lui fera rapporter tout ce que l'on peut tirer à cette époque, tels que des pies, des geais, des corbeaux, des tourterelles, etc.

Pour faire rapporter un chien au coup de fusil, il faut, s'il n'a pas vu tomber la pièce ou s'il refuse de la prendre, le mener dessus en le carressant et en l'excitant à la ramasser; s'il refuse encore il faut avoir recours au collier de force et en user comme nous l'avons dit pour le bâtonnet.

Le chien devra commencer par rapporter des pièces moyennes telles que perdrix et cailles; le lièvre et le lapin ne viendront qu'ensuite. Les premières fois où il aura ramassé le gibier, il faudra lui dire : *apporte* en s'éloignant un peu de lui et en l'appelant; quand il aura réussi, il faudra toujours le carresser pour l'encourager, et lui faire comprendre que vous êtes content de lui.

Dresser un chien au rapport est une chose fort pénible et qui demande la plus grande patience. Certains chiens demandent à être pris par la douceur et d'autres à être menés durement; cependant il est généralement préférable d'agir par la douceur et de ne pas rebuter les chiens par les coups; il s'agit seulement de leur faire comprendre pourquoi vous les corrigez et en quoi ils ont manqué.

Lorsqu'un chien rapporte promptement, il est sujet à avoir la dent dure.

Il faut habituer un chien à être docile, à ne pas s'emporter, à ne pas s'écarter et à revenir au coup de sifflet; on lui apprendra à quêter et à battre la plaine en croisant à droite et à gauche. S'il va toujours en avant et s'il s'écarte, il faut lui mettre de suite le collier de force avec un cordeau d'une bonne longueur; alors au moindre écart on lui dit : tourne; s'il ne tourne pas on met le pied sur le cordeau, la secousse lui fait entrer les pointes dans le cou et le fait tourner aussitôt. Si la terre est mouvante, il sera bon de faire trois ou quatre nœuds à un mètre de distance les uns des autres, pour empêcher le cordeau de passer sous votre pied sans arrêter le chien.

L'arrêt vient naturellement au véritable chien de chasse ; il est bon cependant de l'aider un peu quand il rencontre en lui disant à voix basse : *tout beau au,* en traînant sur la dernière syllabe ; de cette manière le chien se modère, va plus doucement et finit par arrêter.

Manière d'empêcher les chiens de courir et de s'emporter après le gibier. — Aussitôt qu'un chien commence à prendre le défaut de s'emporter, il faut l'en corriger. Vous lui mettrez de suite le collier de force avec un long cordeau que vous laisserez traîner ; s'il s'emporte, vous mettrez le pied sur le bout du cordeau, et tout se passe comme nous venons de le dire pour le chien qui s'écarte. Si cela ne suffit pas, après l'avoir arrêté par le collier, on le corrige à coups de fouet. Avec un chien qui a ce défaut invétéré depuis longtemps déjà, le plus sûr moyen est de lui tirer en cul, à cinquante mètres, un coup de fusil chargé à plomb, et de ne pas craindre de recommencer jusqu'à ce qu'il soit bien piqué et qu'il s'arrête sur le coup.

Quand on veut employer ce moyen, il ne faut pas oublier d'envoyer la charge dans le train de derrière, et jamais en travers ; car alors vous pourriez grièvement blesser votre chien.

On emploie encore un autre procédé qui consiste à faire passer entre les jambes dè l'animal, un petit cordeau dont l'une des extrémités est attachée à son collier, et l'autre à un petit morceau de bois carré de dix à douze centimètres. Lorsque le chien s'emporte et court après le gibier, il entraîne avec lui, à toute vitesse, ce petit billot qui, se heurtant à tous les obstacles, rebondit et retombe avec violence sur le dos de l'animal ; ce dernier croyant à une correction, finit souvent par s'arrêter.

On peut remplacer le petit billot par une boule en bois de la même grosseur garnie de petits clous pour rendre plus aiguë la douleur éprouvée par le chien.

Manière d'empêcher un chien de courir au coup de fusil. — Beaucoup de chiens ont l'habitude quand ils entendent tirer un coup de fusil, de courir à l'endroit d'où il est parti ; c'est un défaut qu'il est très-urgent et très-facile de corriger ; pour cela, vous emmenez avec vous, en plaine, un individu, armé d'un fusil ou d'un pistolet et d'un bon fouet ; arrivé à une certaine distance de vous, il tirera un coup de fusil qui ne manquera pas de faire courir à lui, votre chien ; alors cet homme le prenant par le cou ou par le collier, lui administrera une forte correction. Il sera bon de renouveler cette leçon jusqu'à ce que l'animal soit complètement corrigé.

Manière d'empêcher un chien de courir la volaille. — Souvent les jeunes chiens courent après les volailles et les étranglent ; c'est encore le fouet qui doit ici remplir l'office de maître d'école. Tout en battant le chien, il ne faut pas oublier de lui faire voir l'animal étranglé pour lui faire comprendre le motif de sa correction. Il arrive cependant souvent que ce moyen est insuffisant ; on prend alors un bâton gros comme le poignet et long de soixante centimètres environ ; après l'avoir fendu dans la moitié de sa longueur, on passe dans la fente le bout de la queue du chien que l'on serre fortement avec une ficelle ; à l'autre bout du bâton après avoir attaché d'avance solidement une poule par le dessous de l'aile, on lâche le chien dans une grande cour en lui appliquant quelques vigoureux coups de fouet pour le faire courir. Le chien éprouve une forte douleur à la queue, et croit que la poule qui crie et qui bat de l'aile en est la cause. Il est rare qu'un chien qui a enduré cette souffrance pendant une bonne demi-heure, recommence à courir la volaille.

Manière d'apprendre aux chiens à aller à l'eau. — Il ne faut jamais jeter un chien à l'eau, ni l'y faire aller de force ; le chien doit peu à peu en prendre l'habitude. Pour cela, en été, on va souvent promener un jeune chien près d'une mare ou d'un étang, et tout en jouant on lui jette tout près du bord un bâton qu'il ne prend d'abord qu'en se mouillant à peine le bout des pattes ; alors on jette le bâton un peu plus loin, le chien entre un peu plus dans l'eau et le rapporte encore ; enfin l'on renouvelle cet exercice jusqu'à ce que le chien finisse par perdre pieds et par rapporter le bâton à la nage. On remplace alors le bâton par un canard à qui l'on jette des mottes de terre pour exciter le chien à s'élancer après, et à le poursuivre ce qu'il ne tarde pas à faire ; vous tuez alors le volatile d'un coup de fusil pour apprendre à votre chien à rapporter le gibier tué sur l'eau.

Déclaration de l'impôt.

D'après la loi de 1855, l'impôt est dû pour les chiens possédés au 1er janvier, à l'exception de ceux qui, à cette époque, sont encore nourris par leur mère.

En cas de déménagement du contribuable hors du ressort de la perception, la taxe est immédiatement exigible pour la totalité de l'année courante.

Les tarifs pour l'établissement de l'impôt sur les chiens, comprennent deux taxes qui ne peuvent excéder dix francs, ni être inférieures à un franc.

La taxe la plus élevée porte sur les chiens d'agrément ou servant à la chasse.

La taxe la moins élevée porte sur les chiens de garde, comprenant ceux qui servent à guider les aveugles, à garder les troupeaux, les habitations, etc.

Un chien, une fois déclaré, paie tous les ans, lors même qu'il a quitté la commune, si le propriétaire n'a pas eu le soin de faire sa déclaration à la mairie, avant le 1er janvier.

On est en outre tenu d'aller tous les ans, avant cette époque, déclarer s'il est survenu quelque changement dans le nombre ou la destination des chiens.

Ainsi, les personnes qui habitent Paris et qui ont des chiens à la campagne, soit en garde, soit en dressage, doivent, s'ils veulent payer l'impôt, à Paris, faire leur déclaration à la mairie de leur arrondissement avant le 1er janvier ; ils doivent, en outre, pour ne pas être exposé à payer deux fois, envoyer aussitôt un reçu de leur déclaration, au détenteur de leurs chiens, afin que celui-ci puisse en justifier lors de la répartition dans sa commune.

Noms de chiens.

Nous croyons être agréable à nos lecteurs, en leur citant ici les noms qui peuvent être le plus généralement donnés aux chiens.

CHIENS D'ARRÊTS :

Chiens. — Tom, Stop, Pyrame , Médor, Mistigris,

Perdreau, Milor, Mirto, Ralph, Black, Diamant, Sultan, Fox, Nestor, Com, Phano, Trim, Castor, Bruno, Soumis, Oscar, Pitre, Mastoque, Cerf, Cascaret, Tarquin, Milton, Fritz, Kelm, Soulouque, Polidor, Jupin, Zouave, Tudor, Brack, Toto, Porthos, York, Feydeau, Turc, Midas, Duc, Pollux, etc.

Chiennes. — Cora, Rita, Soumise, Diane, Mira, Miss, Sultane, Mirza, Pandore, Léda, Tache, Mouche, Lisette, Cascarette, Flore, Junon, Comtesse, Blanche, Léa, Thisbé, Moka, Puce, Bellotte, Bichette, Castille, Stella, Laurette, Coquette, Taupe, Belle, Cybelle, Myrthe, Palmyre, Frisette, Isabelle, Flora, Follette, etc.

CHIENS BASSETS :

Chiens. — Ramoneau, Robineau, Flambeau, Ravageau, Renfort, Baliveau, Fano, Formido, Marineau, Néreau, Griffoneau, Rougaleau, Blondineau, Moustafa, Belleau, Rateau, Mireau, Ramponeau, Rigolo, Rafano, Mousquetaire, Farineau, Finaud, etc.

Chiennes. — Bellaude, Mirabelle, Ravaude, Vigilente, Fanfare, Ramonotte ou Ramonette, Gavaude, Rebelle, Quéquette, Rigolette, Ravigotte, Barbette, Vitesse, Griffonne, etc.

DU BRACONNAGE.

Du collet.

Les collets sont faits de fil de laiton noircis au feu et disposés dans les coulées ou passées fréquentées par les lièvres et les lapins. A proprement parler ce sont des nœuds coulants dont le bout est attaché après un petit pieu, une branche d'arbre, ou même une pierre de telle sorte que lorsque le gibier veut passer à travers il se trouve arrêté par le cou ou même par le milieu du corps ; plus l'animal essaie de s'échapper, plus le nœud coulant se resserre et le met dans l'impossibilité de s'enfuir.

Si vous avez des lièvres en plaine, visitez les rigoles que les cultivateurs font dans leurs pièces de blé où d'avoine pour l'écoulement des eaux, car les lièvres aiment à suivre ces petits fossés, aussi souvent y trouverez-vous des collets. Visitez aussi les remises et les pièces de blé ou d'avoine vers l'époque de leur maturité, les lièvres y font de fréquentes coulées. Au bois, l'herbe foulée aux pieds trahit souvent les braconniers qui sont venus tendre des collets dans les passées.

Au mois de septembre, lorsque les faisandeaux vont au gagnage, surveillez les lisières du bois, il nous est arrivé de trouver en moins de cent mètres plus de cent collets destinés à nos faisans, aussi sera-t-il toujours bon de faire nettoyer les lisières sur des espaces de 4 ou 5 mètres aux endroits où vous supposez que le gibier sortira.

Les collets à perdreaux se posent dans les coulées des buissons en plaine et dans le milieu des pièces de chaume sur les sillons à un endroit fréquenté par une compagnie de perdreaux; les braconniers tendent ainsi sur une longueur de 40 à 50 mètres des collets en crin qui se touchent les uns les autres, aussi n'est-il pas rare de voir ainsi détruites des compagnies presqu'entières.

Vers la fin de l'hiver et au commencement du printemps, c'est contre le lapin que les braconniers emploient le collet qu'ils tendent non-seulement au bois mais encore en plaine dans les seigles et les blés verts. Dans la journée, les braconniers cherchent dans les coulées les endroits où ils peuvent tendre leurs collets, et y déposent de petits morceaux de papier blanc ou des tessons de porcelaine

blanche de façon à pouvoir retrouver par l'obs-
curité les places qui leur ont paru le plus convenable. Une heure après la tombée de la nuit, ils
reviennent poser les collets et une heure avant le
jour ils les font disparaître en emportant leur butin.
Si vous êtes parvenu à découvrir ce manége, venez
muni d'une canne vers 10 ou 11 heures du soir;
suivez doucement les coulées en tenant devant vous,
votre canne à 50 centimètres de terre et vous serez
arrêté par chaque collet maintenu par une petite
fiche de 80 centimètres de long solidement enfoncée
en terre; souvent les collets sont attachés après les
pierres.

Si vous voulez prendre le braconnier, munissez-
vous d'une lanterne sourde, visitez vos coulées, dé-
rangez un ou deux collets pour faire croire que le
lapin s'est échappé, ou plutôt mettez-en un vous-
même dans le collet; examinez bien l'endroit par
où l'individu est venu, choisissez une place convenable pour le voir arriver et pour être à portée de
l'arrêter; si l'endroit ne vous semble pas assez
fourré pour cacher votre présence, épaississez le
par quelques branches d'arbres piquées en terre.
Le lendemain matin, revenez vous placer avec précaution vers 2 ou 3 heures dans votre cachette;
lorsque vous verrez arriver votre homme, ne brus-
quez rien, laissez-le retirer le lapin et retendre le
collet pour qu'il ne puisse pas essayer par toutes

sortes d'excuses d'expliquer sa présence ; arrivez
alors doucement derrière lui, reprimandez-le tranquillement et avec sang-froid tout en ayant l'œil
sur lui et emmenez-le à la mairie ; en le conduisant surveillez-le pour qu'il ne vous échappe
pas et demandez-lui ses noms, prénoms et pro-
fession, son âge, sa demeure, ses papiers s'il en a,
le nombre d'enfants qu'il peut avoir et le lieu de sa
naissance.

Si vous craignez d'avoir affaire à un homme qui
puisse vous opposer de la résistance, demandez à
la brigade de votre gendarmerie un ou deux
hommes pour vous donner aide et assistance ;
le garde champêtre de la commune peut encore être
requis à défaut de gendarmes.

Si vous craignez que le braconnier ne vous
échappe en s'enfuyant, vous pouvez encore, du côté
par où vous pouvez croire qu'il cherchera à fuir,
tendre un petit cordeau couleur de terre à hauteur
de 20 centimètres environ, pour qu'en courant il
se heurte dedans et vous permette par sa chute
d'arriver jusqu'à lui pour vous en emparer.

Nous avons vu des colteurs si attentifs à leur
travail qu'ils ne s'apercevaient de notre présence
que lorsque nous leur avions mis la main sur
l'épaule.

De l'allier.

L'allier est un long filet à mailles carrées ou plutôt à losanges. L'allier à caille ordinairement fait en fil vert avec des mailles de trois centimètres environ est placé entre deux autres morceaux de filets à grandes mailles de dix centimètres ; il forme la poche et est soutenu par des fiches en bois ferré. La hauteur de ce filet est de 30 centimètres environ.

Les braconniers emploient d'autres alliers dont la largeur des mailles varie selon l'espèce de gibier à laquelle ils sont destinés.

C'est ordinairement après la sortie des faisans, sur la lisière du bois que les braconniers placent leurs alliers ; ils font alors un détour pour regagner la plaine où se trouvent les faisans et reviennent aussitôt en les rabattant vers leurs filets. C'est aussi entre deux pièces de vignes ou de grains non coupés que les alliers à perdreaux sont le plus à craindre.

Cet engin est aujourd'hui rarement employé. Pour prendre la caille, les braconniers le remplacent par la nappe, petit filet de 4 à 5 mètres carré beaucoup moins embarrassant à porter ; une fois la nappe étendue sur les champs de luzerne, de blés ou d'avoine, les braconniers à l'aide d'un petit appau imitant le cri de la femelle, attirent tous les mâles

des environs qui bientôt arrivent sous le filet ; en
s'apercevant de leur erreur, les pauvres amoureux
veulent s'envoler, mais ils sont aussitôt retenus
dans les mailles du filet.

Les braconniers emploient la nappe principalement la nuit, quoique cependant le même résultat
pourrait être obtenu le jour.

De l'épinage.

L'épinage est l'opération la plus délicate et la
plus importante pour la conservation des perdreaux. Les épines doivent être distribuées sur les
chemins de la plaine au bout des pièces pour pouvoir épiner au fur et à mesure que les champs sont
débarrassés de leurs récoltes ; aussi est-il indispensable lors de la location d'une chasse, de faire mettre dans le bail, le droit d'épinage.

Lorsqu'un terrain est épiné, il est encore bon de
jeter çà et là quelques brins d'épines sans être
fiché en terre.

Un excellent moyen de combattre le traîneau est
de remplacer les épines par des rifles semblables
à celles dont se servent les faucheurs pour rifler
leurs faux ; ces petites planches faites avec des
douves de vieux tonneaux, aiguisées des deux côtés
et du bout sortant de terre d'une longueur de 30 à
40 centimètres peuvent en peu de temps mettre un

traîneau complètement en lambeaux. Les rifles doivent être piquées solidement en tous sens.

C'est lorsqu'il n'y a pas de lune que le traîneau est à redouter et surtout à l'ouverture de la chasse époque à laquelle les jeunes perdreaux sont sans défiance et à la pariade lors des semailles d'avoine.

Si les champs quoique fauchés sont encore encombrés de récoltes et si vous n'avez pas encore pu épiner, il est indispensable de passer les nuits pour garder votre gibier; ou bien encore le soir à la nuit tombante, faites lever vos perdreaux qui ont l'habitude de coucher dans les chaumes ou dans les pièces ensemencées et forcez-les à aller se remiser dans les couverts ou dans des pièces épinées.

Il ne faut pas croire que l'épinage préserve complètement le gibier du traîneau, car il arrive souvent que des braconniers traînent des pièces épinées; mais les obstacles sont assez grands pour les empêcher d'obtenir un succès complet. Quelquefois aussi les braconniers parviennent à arracher les épines au moyen d'une corde qu'ils traînent à deux à travers la pièce, mais il est rare qu'ils puissent réussir lorsque l'épinage a été bien fait.

Pour faire un bon épinage, il faut enfoncer les épines en terre à l'aide d'un épinoir en fer; elles doivent être placées à vingt mètres l'une de l'autre et doivent sortir de 80 centimètres seulement;

cependant il est bon d'en mettre une sur six qui sorte d'un mètre cinquante centimètres.

Du traîneau.

Le traîneau est un filet à mailles carrées, ordinairement d'une longueur de trente à trente deux mètres sur cinq de large environ. Chaque extrémité est munie par deux petites perches entaillées et reliées ensemble par une ficelle ou par deux anneaux ; au bas du filet sont attachés de petits bouchons de paille ou d'herbe, destinés à traîner par terre et à effrayer le perdreau ; aussitôt les traîneurs placés à chaque bout du traîneau, prennent d'une main les perches en les portant horizontalement sous le bras pour maintenir le devant du filet élevé de 50 centimètres et le derrière de 40 centimètres, manœuvrent ainsi dans toute l'étendue du champ et abattent le filet sur le gibier qui se trouve retenu dans les mailles en faisant des efforts pour s'échapper. Ces petits bouchons s'éloignent ou se rapprochent à volonté. Au fur et à mesure que les braconniers prennent des perdreaux, ils les tuent en leur écrasant la tête avec les dents et les mettent dans une sacoche cachée sous leur blouse.

Le traîneau est à redouter depuis la moisson jusqu'au mois de mai. Il est facile de reconnaître qu'une plaine a été traînée aux plumes de perdreaux

et aux épines fraîchement arrachées qu'on y trouve ;
quand la terre est molle, l'empreinte des pas est
aussi un indice certain. Pour les faisans, les panneauteurs traînent même dans les avoines encore
sur pied, qui environnent les bois, huit ou dix jours
avant leur coupe.

De la pentière.

Lorsqu'une plaine a été bien épinée, il faut se
défier d'un autre engin, de la pentière que les braconniers emploient dès lors principalement par le
clair de lune depuis le commencement de septembre
jusqu'à la fin d'avril.

La pentière est ordinairement composée de trois
ou quatre et même cinq pièces de filets, que les
braconniers nomment outil, chaque pièce de filet
est longue de trente mètres environ sur trois
mètres de large.

Elles sont soutenues verticalement par des perches de la grosseur du bras, longues de 4 mètres
et piquées en terre. Aux deux extrémités de la pentière, une corde de 12 mètres environ est attachée
par un bout au haut de chaque perche, l'autre bout
est terminé par un petit bâton d'un mètre environ,
nommé avant-pieux et fixé en terre pour tendre le
filet en tirant sur la corde. A un mètre de terre, la
pentière forme une espèce de poche, nommée tiroir,

pour recevoir les perdrix que les braconniers ont fait lever en rabattant et qui tombent dans le tiroir pour ne plus se relever lorsqu'elles se sont débattues dans le filet. Lorsqu'une battue est faite d'un côté, les braconniers changent le tiroir en le faisant repasser de l'autre côté, et recommencent leur travail.

Les panneauteurs tendent toujours la pentière entre deux remises ou deux rangées d'arbres, entre une meule et un arbre, ou bien encore au milieu de la plaine; les perdreaux levés par les batteurs, passent de préférence entre les deux ombres et donnent dans la pentière.

On peut combattre la pentière en plantant de grandes épines assez drues et en les plaçant à cent mètres en avant et en arrière de l'endroit où les braconniers peuvent la tendre. Les perdreaux levés la nuit se jettent dans les branches d'épines, donnent un coup d'ailes et passent souvent par dessus ou à côté du filet; il n'est pas rare que celles qui n'ont pas touché les épines suivent les autres. Quelques forts bouchons de paille attachés aux épines ou même quelques bottes d'épines noires sont très-bonnes pour effrayer les perdreaux et pour détourner leur vol.

Il est difficile aux panneauteurs de prendre du gibier à la pentière dans une grande plaine où il n'y a ni remises ni arbres.

La pentière est très destructive; nous avons vu des braconniers prendre d'un seul coup jusqu'à dix perdrix.

C'est le soir par le clair de lune, deux ou trois heures après la tombée de la nuit que les braconniers commencent leur travail. Voici quelques renseignements qui pourront aider à les surprendre :

Marchez toujours à l'ombre des arbres pour ne pas être vu; placez - vous autant que possible dans un fond, la nuit, c'est la meilleure situation pour bien distinguer les choses; mettez des vêtements peu foncés, ce sont les moins voyants ; arrêtez-vous de temps en temps pour écouter si les perdreaux se lèvent ou se débattent, car, lorsqu'ils sont pris au filet, ils se débattent. Cependant ne vous inquiétez pas, si vous entendez les perdreaux crier en se levant, ce qui leur arrive souvent lorsqu'elles sont surprises par un lièvre ou par une bête fauve; mais si vous les entendez prendre leur vol sans crier, vous pouvez être sûr qu'elles sont poursuivies par quelqu'ennemi humain; tâchez alors de vous rendre compte de la direction qu'elles prennent et suivez-les. Si vous apercevez quelqu'un s'enfuir à votre approche, ne le poursuivez qu'avec la plus grande précaution, car le braconnier cherche avant tout à sauver ses outils, et bientôt il vous aura entraîné dans une autre direction. Du reste un bon garde doit connaître les endroits favorables à la pentière, aussi lui sera-t-il facile de s'emparer de cet engin destructeur, surtout s'il est accompagné d'un chien de garde, dressé comme nous l'expliquons plus loin.

Lorsque la chasse est d'une grande d'étendue, il sera bon dans les tournées de nuit de faire lever les perdreaux qui se tiennent ordinairement dans les endroits exposés à la pentière, de cette façon quand arriveront les panneauteurs, ils ne trouveront plus de gibier.

C'est pendant l'hiver que la pentière est à redouter même par le clair d'étoiles, lorsque la terre est couverte de neige, car le reflet suffit pour éclairer les braconniers.

Du panneau à lapin.

Le panneau diffère de la pentière en ce qu'il n'a qu'un mètre environ de large. Il se tend à peu près de la même manière; cependant il est attaché presqu'à ras de terre par des fiches de quatre-vingt centimètres de hauteur espacées de dix à douze mètres pour soutenir le filet.

C'est du mois de juin au mois de novembre que cet engin est le plus redoutable, quoique les braconniers s'en servent à peu près toute l'année. Il n'y a cependant rien à craindre pour les lapins tant que les récoltes qui entourent le bois sont sur pied; mais aussitôt qu'elles seront coupées, il faudra veiller avec le plus grand soin, principalement par les nuits sombres et les grands vents.

Le pannneautage aux lapins demande pour la manœuvre beaucoup plus d'hommes que le panneautage aux perdrix; en effet le panneau à lapins se tend, lorsqu'il n'y a pas de lune, le plus près du bois possible à cinq ou six mètres, sur le bord d'un fossé, ou le long d'une raie de charrue de manière à ce que le filet tombe dans un fond.

Un panneau à lapins à quelquefois 150 à 200 mètres de long en plusieurs moceaux.

Un ou deux hommes restent toujours auprès du filet pour retirer les lapins au fur et à mesure qu'ils se font prendre, pendant que les autres braconniers vont faire la battue; du reste plus les rabatteurs sont nombreux, plus ils ont de chance pour réussir.

Les panneauteurs commencent à tendre leurs filets deux ou trois heures après la tombée de la nuit, lorsque les lapins sont sortis du bois.

Pour combattre le panneau à lapins, il est bon de jeter des petits morceaux d'épine coupés très-fins aux endroits favorables au panneau. On ne saurait trop se défier de cet engin lorsque le vent frappe du côté du bois par où les lapins ont l'habitude de sortir.

De l'affût.

Un garde ne doit jamais s'exposer à aller seul guetter les affuteurs, car lorsqu'ils sont pris en flagrant délit ils ne craignent pas de se servir de leur fusil. Défiez-vous des affuteurs par le clair de lune et par la neige sur les lisières du bois ou des chemins, à l'entrée d'une brêche de mur ou d'une porte, endroits où le gibier et principalement le lièvre aime à se promener la nuit. Dans la journée, voyez si vous ne trouvez pas des bourres ou des affûts qui ont servi aux braconniers ; vous pourrez alors revenir la nuit en force surveiller les mêmes places.

De la perchée aux faisans.

La perchée aux faisans est aussi dangereuse que l'affût pour les gardes, aussi ne saurions-nous trop recommander de se faire accompagner par un chien de garde pendant les rondes de nuit. Un chien bien dressé suit la trace d'un braconnier comme un basset suit celle d'un lapin ; il y en a même qui les mènent à voix.

Lorsqu'on n'a pas de chien de garde, on peut encore tendre un piége aux braconniers en plaçant sur des arbres à proximité de leur passage, deux ou trois faisans empaillés. En se tenant caché à peu de distance, en pourra facilement arrêter les bra-

conniers qui trompés par l'apparence s'empresse-
ront de tirer sur ce gibier supposé.

Dans les endroits abondants en gibier, et bien
gardés, les braconniers agissent de ruse; quand ils
ont découvert un carré de bois bien garni de faisans et qu'ils se sont placés de manière à pouvoir les
tirer, un d'entre eux court à l'autre extrémité du
bois, et tire quelques coups de fusil pour attirer
le garde de son côté ; pendant ce temps-là les autres
braconniers abattent impunément les faisans et
peuvent s'enfuir avec leur butin.

Pour combattre les braconniers à la perchée, on
creuse dans les endroits les plus fréquentés par les
faisans, des fosses de 2 ou 3 mètres de profondeur
sur environ 1 mètre 70 de large ; on couvre les
fosses de planches sur lesquelles on répand du
gazon, des feuilles ou même de la menue paille.
La planche du milieu doit être sciée par le milieu à
moitié de son épaisseur pour qu'elle puisse casser
sous le poids du braconnier qui tombe ainsi au fond
du fossé souvent rempli d'eau pendant l'hiver.

La perchée aux faisans est surtout redoutable
lorsqu'il fait du vent et que la lune est brouillée.

Si le bois n'est pas d'une grande étendue, il est
bon quand le temps est propice à la perchée, de faire
débrancher tous les faisans.

Manière de dresser le chien de garde.

Nous entendons ici par chien de garde, les chiens dressés pour arrêter les braconniers pendant la nuit. On peut dresser à cet usage tous les chiens : Terre-Neuve, Montagnard, de Toucheux, etc.

Pour qu'un chien de garde soit bon et d'attaque, il faut que rien ne l'effraie, ni le fasse reculer, pas même son maître s'il voulait lui infliger la bastonnade.

Lorsqu'on élève un chien à cet effet, ce qui est le meilleur, il faut dès son jeune âge commencer à le rendre méchant en lui tirant les oreilles et la queue principalement pendant ses repas. Dès l'âge de cinq à six mois, on doit le mettre à l'attache, ne le lâcher que la nuit, et ne le laisser caresser que par les gens de la maison ; au contraire, vous le ferez agacer avec une houssine par les étrangers qui viendront, en évitant cependant de les laisser trop frapper.

À l'âge d'un an environ, lorsque le chien sera devenu méchant à l'attache, c'est-à-dire lorsque personne ne pourra plus l'approcher, vous commencerez à le dresser.

Pour cela, après lui avoir passé au cou un collier muni d'une forte chaîne, vous l'emmènerez coucher en plaine. Bientôt un homme auquel vous aurez donné vos instructions, passera à vingt ou trente mètres de vous et de votre chien que vous exciterez contre lui. Ce dernier, faisant mine de se défendre, le frappera avec un bâton en s'arrangeant de façon à ce que la plupart des coups portent par terre, et à ce que le chien reste vainqueur. La chaîne du chien devra toujours être attachée après votre carnier pour qu'il ne puisse pas s'écarter et se jeter sur son adversaire; au bout de quelques minutes, l'homme devra vous quitter pour aller se replacer à un endroit convenu où vous mènerez votre chien pour lui faire recommencer le même exercice.

Lorsque vous aurez fait lutter ainsi l'animal deux ou trois fois, vous le ramènerez chez vous, le mettrez à l'attache et lui donnerez à boire.

Au bout de quelques jours, le chien prendra goût à ce travail, s'impatientera de ne pas voir venir à lui son adversaire, et tenant le nez au vent, l'éventera à plus de quatre-vingts mètres, et s'élançant au bout de la chaîne, vous entraînera directement sur lui.

C'est alors que vous devrez passer à un autre exercice.

Après avoir placé un bonhomme de paille, vêtu de vieux vêtements au pied d'un arbre de façon à ce que quelqu'un, caché dans les branches, puisse à l'aide de ficelles lui faire faire des mouvements, vous irez avec votre chien coucher à cent mètres de là environ. Quelque temps après, votre compère venant à passer près de vous, vous retiendrez votre chien par sa chaîne, de façon à permettre à votre homme de prendre de l'avance et de grimper sur l'arbre; d'un coup de sifflet ou de pistolet, vous serez prévenu qu'il est en sûreté, alors vous lâcherez le chien qui prendra de suite la piste et arrivera bientôt au mannequin. Du haut de l'arbre votre compère fera mouvoir le bonhomme de paille tout en criant et frappant sur le chien à l'aide d'un grand bâton. En arrivant vous frapperez aussi sur le mannequin en excitant l'animal qui ne tardera pas à le mettre en lambeaux.

Lorsque vous aurez répété plusieurs fois cette manœuvre, votre chien ne sera encore dressé que pour la plaine; il faudra alors lui apprendre à arrêter les braconniers, la nuit, à la perchée aux faisans.

Vous vous servirez encore cette fois du bonhomme de paille; seulement l'exercice devra se passer dans le bois, et par le clair de lune; en outre votre compère ne devra monter sur son arbre qu'après avoir tiré quelques coups de fusil.

Pendant le dressage du chien, les signaux que vous échangerez avec votre aide, devront toujours être des coups de sifflets ou de pistolets, pour que l'animal s'habitue, en les entendant, à se mettre sur le qui-vive.

Un chien bien dressé, ne doit jamais laisser approcher qui que ce soit de vous pendant la nuit, et doit au moindre signe donner sur l'homme; aussi, si vous vous aperceviez que sa vigilance vînt à diminuer, il faudrait de temps en temps, pendant vos rondes vous faire aborder par quelqu'un qui l'agacerait en lui appliquant des coups de houssine.

Pour le rendre obéissant, il est souvent utile aussi de se servir du collier de force, ainsi que nous l'avons indiqué au dressage du chien de chasse.

Dès son jeune âge, vous habituerez votre chien à se laisser museler; car il arrive souvent que des chiens qui ont arrêté plusieurs fois des braconniers, deviennent tellement méchants, qu'ils pourraient en arriver à dévorer un homme.

Du reste, il faut toujours avoir la précaution de tenir le chien attaché par sa laisse à la bretelle de votre carnier. De cette manière quand il se met à la poursuite du braconnier, il vous entraîne à sa suite avec une telle rapidité, qu'à peine vous avez le temps de mettre les jambes l'une devant l'autre.

Un chien ainsi dressé est le meilleur et le plus sûr auxiliaire d'un garde-chasse.

Le chien de garde devra toujours être attaché dans la cour avec une forte chaîne à grosses mailles munie d'un anneau dans lequel passera le collier ; sa loge devra aussi toujours être entourée de manière à ce que personne ne puisse l'approcher de trop près.

Du braconnier.

Le braconnier est comme le lièvre, il devient rusé en vieillissant; mais un garde un peu expérimenté reconnaît un braconnier au premier coup d'œil.

Si c'est le matin que vous rencontrez un de ces destructeurs de gibier, il aura toujours deux pantalons et deux blouses ; les vêtements sales et mouillés seront en dessous. Il aura fait son changement avant d'arriver sur la route. Par la neige et par les temps de clair de lune, ses vêtements seront le plus blanc possible ; par les temps sombres et couverts, il portera une blouse de laine noire ; enfin il se vêtira toujours selon les circonstances et selon l'époque.

Le braconnier porte ses filets sous son gilet autour de lui en ceinture ou bien en guise de plastron sur l'estomac, lorsqu'il ne peut pas les faire transporter en voiture ; d'autres fois, il les cache en plaine dans une meule, ou dans un tas de pierres ou de fagots.

Quand plusieurs braconniers partent au travail, et que vous les rencontrez sur les routes deux ou trois heures avant la nuit, marchant à cent cinquante mètres l'un de l'autre, et regardant de tous les côtés dans la plaine, vous n'aurez rien à crain-

dre, car vous pourrez être sûrs qu'ils vont à quelques lieues de là. Lorsqu'ils devront venir exploiter
votre chasse, vous ne les verrez pas arriver de
jour; ils viendront à la brune dans un cabaret du
village voisin, par les voitures publiques, par
le chemin de fer pour ne se mettre à l'œu-
vre que deux ou trois heures après la tombée de
la nuit.

Si c'est au fusil qu'ils vont travailler, (braconner
ou voler le gibier, s'appelle travailler), leur arme
démontée sera cachée sous leur blouse, la crosse
à l'estomac; dans cet état, le canon et le bois du
fusil n'ont pas plus de soixante centimètres de
long; monté, leur fusil mesure un mètre environ.

Lorsqu'il va à la perchée aux faisans, le braconnier porte le carnier comme les chasseurs, ou une
espèce de besace.

Les braconniers ont toujours parmi eux une espèce de chef qui connaît parfaitement et souvent
même mieux que le garde, les localités, la chasse et
les habitudes du garde. Avant de se mettre en campagne, ils ont toujours soin de se renseigner sur l'é-
pinage et sur les endroits fréquentés par le gibier.

Les braconniers au filet n'ont généralement pas
d'armes à feu; ils sont porteurs d'un couteau ou
d'un poignard; presque tous ils ont un petit sifflet
pour s'appeler entre eux.

En argot, *flingot* veut dire fusil, *drap des morts,* traîneau, *étendard,* pentière, *outil,* chaque pièce de filet, *gare,* le garde, les épines piquées en plaine sont des *asperges.*

Presque tous les braconniers font eux-mêmes leurs filets ou les font faire par leurs femmes.

ANIMAUX DESTRUCTEURS.

Le loup.

Le loup ressemble à un gros chien; il a le cou très-court, ce qui lui donne beaucoup de force, la tête forte, le museau allongé, une grande gueule, les dents inégales et très-aiguës, les yeux étincelants la nuit, les oreilles courtes et droites; son poil gris fauve est plus ou moins foncé, selon l'âge et l'espèce; sa queue longue et droite est chargée de grands poils.

Comme la majeure partie des chiennes, les louves se font emplir vers la fin de l'hiver; elles font cinq à six petits.

Les *louveteaux* prennent à six mois le nom de *jeunes loups,* qu'ils conservent jusqu'à un an pour s'appeler ensuite *vieux loups* et enfin *grands vieux loups.*

L'empreinte du pied d'un loup ressemble beaucoup à celui d'un chien ; cependant son talon est plus gros ; son pied allongé et serré imite assez celui du lièvre, tandis que le pied du chien est plus ouvert.

Le loup fait ordinairement ses laissées sur une pierre, une taupinière ou une petite touffe d'herbe ; celles de la louve, plus molles, se trouvent au premier endroit venu.

La force incroyable du loup réside dans le train de devant et principalement dans la mâchoire avec laquelle il peut facilement porter un mouton de la petite espèce sans le laisser toucher à terre. Cet animal mord avec tant d'acharnement et de courage qu'il est rare que quelque chose puisse lui résister. Il possède une vue perçante, un odorat exquis et une ouïe d'une délicatesse infinie. Il peut faire une course très-longue et résister plusieurs jours sans manger.

Le loup aime la chair vivante et la chair morte ; il attaque les chevaux, les chevreuils, les vaches, les moutons, même les petits chiens et autres animaux domestiques. Il vit aussi de charognes, de glands, de chataignes et de racines ; pressé par la faim il s'attaque aussi aux hommes, mais de préférence aux femmes et aux enfants.

Son odeur répugne aux autres animaux. Lorsque de jeunes chiens sentent l'endroit par où un loup a passé, ils poussent des cris plaintifs et dressent leurs poils. Nous avons cependant vu un petit basset mener pendant longtemps un loup et le chasser comme un autre animal.

Le loup se chasse en battues et aux chiens courants; on emploie aussi contre lui les piéges et la strychnine, poison très-violent et fort dangereux.

Pour éviter les accidents, après avoir introduit le poison dans l'appât à l'aide d'un vieux couteau ou d'une spatule de bois, on devra se savonner avec soin les mains et principalement l'intérieur des ongles. Le mieux est encore de s'adresser aux pharmaciens qui vous préparent ce poison en petites boulettes enveloppées de façon à éviter tout danger.

Quelque soit l'appât dont vous vous servirez pour empoisonner le loup, il faudra toujours l'attacher de préférence avec des harts, que cet animal évente moins facilement que la corde.

Il est rare que le loup approche la première nuit de l'appât que vous lui aurez destiné, parce qu'il se défie toujours de ce qu'il voit pour la première fois. Lorsqu'il l'aura éventé, le loup tournera plusieurs fois autour, s'élancera dessus de toute sa force, en arrachera un morceau qu'il ira manger un peu plus loin, et reviendra plusieurs fois à la charge jusqu'à ce qu'il n'en reste plus, ou plutôt jusqu'à ce qu'il ait été foudroyé; en effet la strychnine beaucoup plus violente que l'arsenic, ne pardonne pas et produit son effet presqu'instantanément, aussi trouvera-t'on toujours le loup mort à peu de distance de l'endroit où aura été tendu l'appât.

Pour amorcer les piéges à loup, on se sert d'un fort morceau d'animal mort que l'on attache après des pieux avec des harts dans une clairière du bois ou sur le bord de la plaine au milieu d'un triangle formé de trois piéges assez distancés ; le loup, après avoir éventé et tourné longtemps autour de l'appât, finira presque toujours par tomber dans l'un des piéges et par être pris s'ils ont été bien tendus. Pour cela un piège ne doit pas être complètement fixé en terre ; il doit être muni d'un bout de chaîne terminé par un croc en forme de griffe pour que le loup en entraînant le piége puisse laisser les traces de son passage et finisse même par s'accrocher dans les rochées d'arbres, de cette façon il conserve toujours l'espoir de s'échapper ; si le piége était solidement fixé en terre, l'animal ne voyant pas d'autre chance de salut, n'hésiterait pas à se couper la patte pour s'enfuir.

Nous connaissons deux genres de piége à loups : le piége français et le piége allemand.

Le piége français doit être enterré, c'est-à-dire qu'après avoir tracé exactement sur la terre la forme du piége et de tous ses accessoires, on entaille la terre de cinq à six centimètres de profondeur environ, pour y placer le piége à ras de terre tout tendu en ayant soin de creuser sous la planchette de façon à ce que l'animal puisse poser sa patte le plus bas possible ; tous les vides seront alors remplis avec de la mousse de façon cependant à ne pas gêner les ressorts de l'instrument ; enfin on recouvre le tout d'un peu de terre et d'herbe hachée ou de feuilles de façon à rendre le piége invisible, et l'on rétablit la place dans son état naturel. Par la gelée, la terre devra être remplacée par la cendre qui ne gelant pas ne pourra pas s'opposer au fonctionnement du piége.

Il est en outre nécessaire d'éventer le piége avant de le poser, pour que le loup ne le sente pas ; pour cela après l'avoir laissé le plus longtemps possible à l'air, il faut au moment de le tendre le frotter avec du genêt ou avec de la fiente de l'animal ; il est, en outre, bon que la personne qui veut tendre un piége ait le soin d'éventer ses souliers et même ses mains par le procédé que nous venons d'indiquer.

Le piége allemand se pose exactement de la même manière que le piége français ; le mécanisme seul diffère. Dans le piége allemand, l'appât étant attaché au milieu du piége, l'animal se trouve pris par la tête lorsqu'il tire dessus pour le manger. Il est toujours préférable de tendre le piége allemand chez soi pour l'apporter ensuite et le poser à l'endroit préparé d'avance.

Nous croyons être agréable à nos lecteurs en leur donnant un aperçu des prix des différents piéges.

TARIF DES PIÉGES

DE

M. MORICEAU, 4, quai de Grève à Paris.

PIÉGES ALLEMANDS.	PIÉGES FRANÇAIS.
Pour rats et belettes, **7 fr. 50**	Pour fouines et putois, **7 fr.**
Pour fouines et putois, **18 fr.**	Pour blaireaux et loutres, **9 f. 50**
Pour blaireaux et loutres, **22 fr.**	Pour renards, **15 fr.**
Pour renards, **28** et **35** fr.	Pour loups et braconniers, **20 f.**
Pour loups et braconniers, **45 f.**	Piége à poteaux, **4** et **5 fr.**

On tue le loup aussi à l'affût en se tenant sur un arbre ou même à terre, mais bien caché et à bon vent, à peu de distance d'un animal mort.

On peut encore attendre le loup la nuit aux environs d'un troupeau de brebis ; c'est ordinairement par les temps sombres et d'orage que cet animal essaie d'enlever des moutons. On reconnaît facilement son approche à ses yeux étincelants qui dans l'obcurité semblent peu à peu s'avancer vers vous.

Les primes pour la destruction des loups sont ainsi fixées : 12 francs pour un loup, 15 francs pour une louve, 18 francs pour une louve pleine et 6 francs pour un louveteau.

La prime se touche à la préfecture du département sur la présentation d'un certificat du maire de la commune.

Le renard.

Le renard a la forme d'un petit chien; son poil de couleur fauve plus ou moins foncé est à peu près semblable à celui du lièvre, il a le museau court et pointu, les oreilles petites et droites, l'œil vif, la queue longue et chargée de poil; ses pattes sont plus étroites, ses griffes plus longues et le talon plus long que ceux du chien.

Le renard est au loup ce que le lapin est au lièvre.

La femelle du renard entre en chaleur comme la plupart des chiennes, vers les mois de janvier et février, et porte à peu près le même nombre de jours; elle fait ordinairement quatre ou cinq petits renardeaux qu'elle dépose et qu'elle allaite dans son terrier. Lorsque les petits commencent à voir clair, ils ont coutume de sortir du terrier matin et soir pour prendre leurs ébats. Les chasseurs à l'affût qui connaissent cette habitude, guettent les renardeaux à la sortie du terrier et en tuent un grand nombre; ils reconnaissent qu'un terrier est habité, aux débris de toutes sortes, de petits os, de plumes, de poils, etc., qui se trouvent éparpillés tout à l'entour.

Quoique très-fin et très-rusé, le renard se laisse prendre au piége beaucoup plus facilement que le

loup : il se fie beaucoup plus sur son adresse que
sur sa force.

Le renard se réfugie dans les terriers de lapins
qu'il agrandit; quand le terrier a beaucoup d'ouvertures, il le creuse très-profondément principalement sous les troncs d'arbres ou sous une forte
butte pour être plus sainement; il choisira aussi les
rochers, les anciennes carrières et enfin tous les
endroits les plus inaccessibles. Le jour il dort dans
les fourrés du bois, couché en rond comme le chien
et le chat; la nuit pour se nourrir il chasse les lièvres et les lapins dont il détruit les rabouillères, il
détruit les faisandeaux, les perdreaux, les poules
faisanes et les perdrix sur leurs œufs; il ne craint
pas de s'approcher d'une ferme ou d'un bâtiment
situé à l'écart, s'il entend le chant du coq, car il est
très-friand de volaille; s'il peut s'introduire dans
le poulailler, en une nuit il l'aura détruit.

Cet animal mange aussi des grenouilles, des
mulots, des taupes, des sauterelles, du raisin et
toute espèce de fruit.

Le renard a l'odorat, la vue et l'ouïe d'une finesse
extraordinaire, il est très-redouté des autres animaux; quand un chasseur entend les pies, les geais
et autres oiseaux agacer et crier, en volant d'arbres
en arbres, il doit se tenir sur ses gardes, car leurs
cris décèlent la présence du renard.

Les renards se réunissent quelquefois deux ou

trois ensemble pour chasser en battue; dans ce cas le gibier est probablement en commun. Voici comment ces animaux procèdent à leur chasse : L'un d'eux se place sur une route ou tout autre endroit convenable comme pourraient le faire des chasseurs, les autres font le rabat; lorsqu'une pièce de gibier se lève, soit un lièvre, soit un lapin, le rabatteur donne un peu de voix en le poursuivant pour indiquer de quel côté il doit passer; le renard qui attend l'animal poursuivi, s'arrange toujours de manière à ce qu'il ne passe pas loin de lui et à ce qu'il ne lui échappe. S'il arrive au renard de manquer le gibier, il n'est pas rare de le voir revenir se placer où il était, et recommencer ses sauts, à seule fin de se rendre compte du motif qui l'a fait manquer.

La chasse du renard aux chiens courants est très-agréable, les chiens le poursuivent avec acharnement; lorsqu'ils l'ont fait lever, le renard se lance assez loin; mais il ne tarde pas à revenir passer près de l'endroit où il a été levé; c'est donc à cet endroit ou près des terriers qu'il faut attendre le renard pour le tuer.

Il arrive quelquefois qu'il se dérobe aux chiens en sautant sur le chaperon d'un mur sur lequel il se maintient quelquefois très-longtemps en courant.

On détruit encore les renards avec les piéges et

le poison que nous avons indiqué pour les loups.

La strychnine s'emploie, introduite soit dans des petits oiseaux ou tout autre volatile rôti, soit dans de petites saucisses ou andouillettes.

Les piéges français et allemands doivent être tendus comme pour les loups; l'appât seul doit différer; il faut toujours, autant que possible, se servir de volailles ou de gibier rôtis ou grillés, en un mot de tout ce qui peut servir de nourriture de prédilection au renard.

On reconnaît qu'un bois est fréquenté par les renards aux empreintes de leurs pieds et à leurs laissées qui sont remplies de débris à poils et d'os; la destruction des rabouillères dans lesquelles le renard a pris les petits lapereaux en s'y introduisant par une ouverture qu'il a creusée du côté opposé à celle qui sert d'entrée habituelle, est encore un indice.

Comme le loup, lorsqu'il est pris au piége par la patte et qu'il ne voit plus d'autre chance de salut, le renard ne craint pas de se la couper; aussi n'est-il pas rare de prendre des renards qui n'ont plus que trois pattes.

Lorsqu'on chasse le renard, il arrive assez souvent qu'il se terre; si le terrier n'est pas situé dans un terrain de rocher ou sous un tronc d'arbre, on peut le fouiller à la pioche; pour cela on prend un petit basset de bon nez que l'on présente à chaque ouverture, afin qu'il puisse faire reconnaître celle par où le renard est entré ; on bouche alors toutes les autres ouvertures avec du gazon et l'on fait entrer le chien dans le terrier après avoir attaché un grelot à son collier. Pendant que le basset fouille le terrier, on fait silence jusqu'à ce qu'on l'entende crier ; lorsque par des aboiements précipités, il a indiqué la présence du renard, on l'encourage de la voix ; puis un homme ou deux font une tranchée sur le terrier en faisant bien attention à ne pas blesser le chien avec la pioche ; dès que la tranchée est ouverte et que l'on peut saisir le renard, on lui met rapidement une patte de derrière dans un piége. Les plus grandes précautions sont indispenbles, car les morsures du renard sont très-mauvaises.

Lorsque les terriers ne peuvent pas être fouillés, il faut essayer de prendre le renard terré au piége, ce que l'on obtient en laissant ouverts le plus de trous possible au terrier et en plaçant un piége à chaque ouverture. Le lendemain matin de très-bonne heure on ira vérifier si l'animal est pris ou sorti ; car il ne sera pas étonnant que si c'est un vieux renard, il ait senti les piéges et qu'il ne soit pas sorti. Dans ce cas il sera bon d'ajouter à l'un des trous un autre piége non tendu pour tromper le renard ; en effet celui-ci voyant un piége détendu croira qu'il n'y a plus de danger, n'hésitera pas à sortir et par conséquent se prendra dans le véritable piége. Il arrive quelquefois aussi que le renard parvienne à faire une nouvelle sortie et finisse par s'échapper.

On peut encore enfumer les renards dans leur terrier à l'aide de quelques mèches ou de morceaux de draps bien enduits d'une pâte formée de fleur de souffre, de poudre et de cire blanche délayée dans de l'alcool. A cet effet on a le soin de boucher hermétiquement tous les trous du terrier à l'exception de celui contre lequel le vent frappe et de celui opposé au vent. Par le premier on introduit dans le terrier les mèches allumées auxquelles on ajoute de l'herbe et des feuilles pour augmenter la fumée; à l'autre trou on place un piége ou une bourse pour prendre le renard à sa sortie, ce qui ne tardera pas à arriver si les précautions sont bien prises et si l'on a réussi à faire pénétrer la fumée jusqu'à l'accul du renard.

Quelques personnes mangent du renard; sa chair quoique meilleure que celle du loup, n'est cependant pas délicate, elle a une odeur forte, est dure et coriace. La graisse de renard est un excellent remède contre les engelures.

Le Blaireau.

Le blaireau est plus gros et plus trapu que le renard, son poil épais et hérissé est ordinairement gris, il a la mâchoire très-forte, les dents pointues et les ongles très-longs, ce qui lui donne une grande facilité pour creuser son terrier ; il ressemble au chien et a la hure du cochon ; ses pattes de devant sont beaucoup plus courtes que celles de derrière ; tous ses doigts de pieds sont égaux et son talon très-gros.

Le blaireau court très peu vite, aussi le plus petit chien peut-il facilement l'atteindre, mais il se défend très-courageusement et avec beaucoup de vigueur ; ses morsures sont plus terribles encore que celles du renard.

On reconnaît la présence du blaireau dans un bois à ses laissées qu'il dépose dans une espèce de petit trou creusé avec ses pattes à la manière des chats.

Pendant l'hiver, la femelle du blaireau fait dans son terrier cinq à six petits qu'elle allaite. Ces petits animaux sont très-frileux mais peuvent facilement être apprivoisés lorsqu'ils sont pris jeunes ; on les nourrit de soupe, de pain, de noix, enfin de toute espèce de chose.

Le blaireau est très-défiant, il vit solitaire dans les bois, où il choisit les endroits les plus retirés pour se creuser un terrier très-profond ; il y passe les trois quarts de sa vie. Cet animal n'est pas destructeur comme le renard, il se nourrit de la même manière que le hérisson ; cependant les œufs des perdrix et les petits lapereaux sont exposés à lui servir de nourriture quand il en rencontre.

Le blaireau se chasse comme le renard ; **comme** lui on l'enfume et on le prend au piége ; seulement la fouille de son terrier offre des difficultés, car souvent au fur et à mesure qu'il entend fouiller, il creuse à son tour et s'enfonce de nouveau en terre.

Les piéges tendus aux ouvertures du terrier sont les seuls possibles avec le blaireau ; plus fin que le renard pour éventer un piége, il peut rester quelquefois un mois sans sortir et sans mourir de faim ; en effet il se repaît de sa propre graisse qui suinte d'une espèce de poche située entre l'anus et la queue. Si cependant lassé de rester ainsi en terre, le blaireau veut sortir, il aura bientôt, à l'aide de ses pattes de devant, creusé un nouveau trou à côté de celui où est tendu le piége.

La fouine.

La fouine est de la grosseur d'un moyen chat mais plus longue. Elle a son poil noir fauve et le dessous de la gorge blanc, les dents inégales et très-blanches, la mâchoire très-forte.

La fouine a beaucoup de rapports avec le renard, comme lui c'est un animal essentiellement destructeur ; on la combat de la même manière que le renard ; nous en avons pris aussi quelquefois au collet ce qui s'expliquera facilement quand on saura que la fouine passe toujours dans les mêmes coulées.

La fouine va l'hiver dans les granges, dans les greniers, ravageant les poulaillers ; pendant l'été elle parcourt les bois, dévorant les œufs de perdrix de faisans, les jeunes perdreaux et commet autant de dégats que le renard.

Elle se réfugie dans les terriers de lapins, dans les pilles de bois, dans les toisés de pierre, dans les arbres creux d'où l'on ne peut la faire sortir qu'en y introduisant une mèche souffrée ou encore à l'aide d'un furet. C'est là qu'au printemps elle fait une portée de 3 ou 4 petits. Quelquefois elle va s'établir dans un vieux nid de pie ou de corneille, mais si un de ces animaux vient à s'en apercevoir, il ne tarde pas à faire retentir le bois de ses cris et de ses agacements.

On reconnaît les endroits fréquentés par une fouine à l'empreinte de ses pas pareils à ceux d'un chat, à son odeur très-forte, et enfin à ses laissées qui sentent aussi très-fort et qui sont toujours mêlées d'un peu de poil. Lorsque l'on a bien étudié le passage de la fouine on lui tend des piéges ou des assommoirs que l'on amorce avec un oiseau, un pigeon, une volaille, ou mieux avec un poisson ou du melon, nourriture dont la fouine est très-friande.

La marte.

La marte ne diffère de la fouine que par la couleur de la tache placée sous la gorge qui est jaune chez la marte et blanche chez la fouine; le fond du poil de la première qui tire sur le jaune est un peu plus fauve. Leurs mœurs et leurs habitudes sont les mêmes; toutes deux désolent les basses cours et détruisent le menu gibier; on emploie les mêmes moyens pour combattre l'une et l'autre.

Le chat sauvage et le chat domestique.

On rencontre rarement le chat sauvage ou chatharrest dans nos contrées; il n'habite généralement que dans les grandes forêts. Cet animal a la vie très-dure; son poil est gris rayé. Il est plus redoutable pour les chiens et même pour les hommes que la fouine; comme elle, il détruit le gibier; ses mœurs sont les mêmes; on emploie aussi contre lui les mêmes engins.

Beaucoup de chats domestiques sur lesquels l'instinct sauvage finit par prendre le dessus causent des dégats considérables et font une terrible destruction de gibier et de volailles. Ces chats commencent pour faire la chasse aux oiseaux dans les cages à la maison; ensuite ils s'en prennent aux jeunes lapins dans les tonneaux et dans les cabanes et principalement à ceux que sont encore dans le nid ; enfin souvent ils finissent par quitter la maison pour aller chasser au bois et en plaine.

Dès qu'un chat commence à manger les jeunes lapins, il faut l'en corriger, en lui tendant à l'entour des cabanes un piége avec un lapin pour appât. Les ardillons du piége devront être munis de petits morceaux de liége gros comme des pois pour ne pas crevre les yeux à l'animal. Comme le chat se défie peu du piége, il ne tardera pas à se laisser prendre ; aussi sera-t-il bon de l'y laisser pendant une demi journée environ pour le faire souffrir et le dégoûter ainsi du lapin. Quelques corrections adressées à la suite seront toujours d'un bon effet ; si le chat fait la guerre aux volailles, le même expédient pourra être employé, en remplaçant le lapin par un poulet.

Dans nos contrées, on tue dans les bois beaucoup de chats que l'on nomme chats chasseurs. Ces matous deviennent beaucoup plus gros et beaucoup plus forts que les chats sauvages, nous en avons tué de la grosseur d'un chien moyen. On les prend facilement à l'assommoir ou au piége. Lorsqu'ils sont poursuivis par des chiens, ces animaux grimpent aussitôt sur un arbre, où dès lors il est fort aisé de les abattre à coups de fusil.

C'est au moment de l'incubation que le chat fait le plus de tort au gibier, parce qu'il excelle à saisir la mère sur ses œufs, et que quand il a une fois goûté de cette nourriture, il ne tarde pas à renoncer aux souris et aux rats qu'il ne trouve plus assez délicats.

C'est au mois de mai que la femelle fait ses petits qu'elle cache avec le plus grand soin parce que les matous les mangeraient.

Le putois.

Le putois est plus mince et plus fluet que la fouine; il a à peu près la même forme que la belette, quoiqu'il soit plus robuste. Il ressemble tout à fait au furet; son poil est fauve brun. Le putois fait la guerre aux lapins dans les terriers, dans les pilles de bois et dans les toisés de pierre. Son odeur insupportable reste pendant quelque temps partout où il passe. Ses mœurs sont les mêmes que celles de la fouine; cependant il est moins rapide et moins agile et par conséquent moins destructeur; il préfère le sang à la chair.

On le détruit de la même manière et cependant plus facilement que la fouine; quand il est pris au piége, il pousse des cris perçants, et quelquefois parvient à s'enfuir en y laissant sa patte.

Le putois est plus commun que la fouine; on le rencontre dans presque tous les pays, aussi sa peau a-t-elle peu de valeur.

La belette.

Il y a plusieurs espèces de belettes : l'une beaucoup moins grosse qu'un rat, a le corps fluet, la queue courte, le poil roux jaunâtre, la gorge blanche, le museau étroit; elle marche comme le putois le dos ramassé. L'autre espèce plus grosse et plus longue que la première est de la même couleur; sa queue dont le bout est garni de poils noirs est plus longue; on l'appelle belette à queue noire.

Une autre espèce toute blanche avec le bout de la queue noire, ainsi qu'une tache noire derrière l'oreille qui leur vient en vieillissant, se nomme *hermine* et ne se trouve généralement que dans le nord.

Les deux premières très - nombreuses dans nos contrées sont très-fécondes : la femelle fait jusqu'à huit petits par portée.

La belette est très - friande de sang et d'œufs qu'elle emporte sous sa gorge. Lorsqu'un œuf a été mangé par une bête à poil, on trouve à la coque une très-petite ouverture par où l'animal a aspiré le contenu; si l'œuf a été mangé par un oiseau, la coquille est presqu'entièrement cassée.

La belette suce le sang du gibier qu'elle peut attraper en lui faisant une petite incision derrière l'oreille.

Il n'est pas facile de tuer une belette parce qu'elle a bientôt disparu dans un trou de taupe. Cependant

dans ce cas en se cachant et en la pipant elle ne
tardera à sortir. On la prend au piége et principalement à l'assommoir en l'amorçant avec un oiseau
ou un œuf de poule. Le piége allemand amorcé avec
un petit poisson ou même une pomme et placé
sous une pierrée, est d'un bon emploi.

Le rat.

Il y a deux espèce de rats : le rat d'eau qui vit
au bord de l'eau, le rat proprement dit, tout à fait
semblable au premier qui vit dans les habitations,
enfin le petit rat qui diffère des autres par sa taille
et par son poil tirant sur le noir, il est également
moins carnassier que les deux premiers. Le rat
détruit le jeune gibier, et les œufs, prend les mères
sur leur nid, et mange les lapins et les volailles dans
les basses cours. Sa morsure est très-venimeuse.

Cet animal est très-fécond ; la femelle fait ordinairement 8 à 10 petits d'une seule portée ; quelquefois même on trouve des nichées de 12 à 14
petits. Il n'est pas rare, lorsque l'on rentre pendant
l'hiver une meule de grain, de trouver sous les dernières gerbes une cinquantaine de rats.

Les vieux rats se laissent difficilement prendre au
piége. On les empoisonne avec des boulettes de mort
aux rats ou d'arsenic introduites dans leur trou que
l'on rebouche aussitôt avec une poignée de plâtre.

Le Hérisson.

Le hérisson est à peu près de la grosseur du lapin de garenne ; sa peau très-épaisse est garnie de petits dards ; les pattes, le ventre et la gorge en sont dépourvus et sont couverts d'un poil très-clair.

Le hérisson ne peut se défendre qu'en se resserrant en boule et en présentant ainsi de tous côtés des armes très-piquantes à ses ennemis. Peu de chiens peuvent le prendre dans leur gueule ; ils se contentent d'aboyer.

Le hérisson se trouve ordinairement l'hiver dans lès bois, sur les berges de fossés, ou tout autre endroit élevé, pour être sainement ; il se roule dans un gros tas de feuille pour se garantir du froid et de la pluie. On le déroule avec ses pieds ou en le mettant dans l'eau. Le renard qui en est très-friant parvient à le dérouler.

Cet animal vit principalement de fruit, d'œufs et même de petits lapereaux, en effet on le trouve quelquefois dans les terriers et ses laissées sont mélées avec du poil. L'hiver, il reste très-longtemps sans manger.

La femelle fait dans l'été une portée de cinq à six petits. La chair du hérisson n'est pas mauvaise à manger ; mais elle ne vaut guère mieux que celle du rat d'eau.

OISEAUX DE PROIE.

Le busard.

Le busard est un des plus grands oiseaux de proie de nos pays; il ressemble au milan par sa taille et à la buse par sa forme et par sa couleur. Il a le cou court, les pattes assez longues et sans plumes.

Le busard chasse toute espèce de gibier de terre et d'eau; il se pose peu sur les arbres, c'est de terre ou d'une petite hauteur, telle qu'une taupinière qu'il guette sa proie.

Cet oiseau habite souvent près des étangs; aussi se sert-on généralement de poisson pour amorcer les piéges qu'on lui tend.

Le milan.

Nous connaissons dans nos contrées deux espèces de milans : le gros milan et le petit milan; tous deux ont le cou allongé, les pattes jaunes, la vue perçante, de longues ailes et la queue fourchue ; une peau recouvre la base de leur bec. Le gros milan est de la couleur de la buse; nous en avons tué plusieurs qui avaient 1 mètre 65 centimètres d'envergure; le petit milan est couleur d'ardoise et attaque peu le gros gibier.

Au printemps et pendant l'été, aux environs de Paris, on voit les milans explorer les jeunes taillis et la plaine en planant continuellement; rarement ils se posent sur les arbres. Ils ont l'habitude de re-passer au même endroit tous les jours aux mêmes heures; aussi peut-on facilement les abattre d'un coup de fusil.

Le milan a le vol très-rapide; il est très-vif et très-léger.

La buse.

La buse, plus petite que le milan, ressemble ce-pendant au busard; elle n'a qu'un mètre trente à à un mètre trente-cinq d'envergure. Elle a la peau qui couvre le bas du bec et les pattes jaunes, les griffes noires, la tête aplatie, la première et la deu-xième plume du bout de l'aile beaucoup plus courte que les autres, et la tête de couleur brun fauve; ce-pendant, le fond de la plume jusqu'aux deux tiers, est blanc; tout le dessus du corps ainsi que les ailes sont d'un brun fauve; la queue est rayée de brun à égales distances. Du reste il est rare de ren-contrer deux de ces oiseaux qui aient exactement les mêmes couleurs.

La buse est très-commune dans nos contrées; elle y reste toute l'année et fait la guerre à toute espèce de gibier depuis le plus petit oiseau jusqu'au levraut ; elle se pose à terre sur une taupinière et guette ainsi les mulots et les taupes ; souvent aussi elle reste deux ou trois heures perchée sur une branche pour épier le gibier ou pour se reposer lorsqu'elle est repue.

Cet oiseau très-défiant est fort difficile à approcher et résiste très-bien au coup de fusil ; si cependant on essaie de passer à côté d'une buse avec le fusil sous le bras et sans avoir l'air de la voir, on peut quelquefois la tirer à portée ; lorsqu'elle n'est que blessée, elle se met sur le dos pour se défendre avec ses serres. On la prend souvent aux piéges amorcés avec un pigeon blanc, une grenouille ou des trippes de lapin toutes fraîches.

La femelle fait son nid à peu près comme une corneille dans les sapins et les chênes ; elle y pond 3 ou 4 œufs blancs mouchetés ; les petits restent longtemps couverts d'un duvet blanc.

En général chez les oiseaux de proie, la femelle est plus grosse que le mâle.

L'épervier ou émouchet.

L'épervier est de la grosseur d'un geai ; il a l'iris des yeux et les pattes jaunes pâles, la queue longue, la quatrième plume du bout de l'aile plus longue que les autres, le dos et la tête rougeâtres foncés sur un fond mêlé de blanc ; la gorge, le ventre et les cuisses plus ou moins rayés jaune ; les raies du dessous des ailes et de la queue sont les plus larges et les plus foncées.

La femelle dépose 4 ou 5 œufs tachés de jaune rougeâtre dans un vieux nid de pie sur le haut d'un arbre.

Cet oiseau est très-commun dans nos contrées ; il va chasser très-loin, et détruit une grande quantité de perdreaux, de cailles, de grives, d'alouettes et même de pies et de geais.

L'épervier se pose sur les arbres et les murs de clôture ; mais il préfère battre la plaine en planant au-dessus de la proie qu'il épie.

La crécerelle.

La crécerelle est de la grosseur de l'épervier ; elle a les yeux noirâtres et les pattes jaunes, la queue et les ailes longues, le dos et le dessus des ailes rouges mouchetés de noir, la tête et le dessus de la queue cendrés plus foncés chez le mâle que chez la femelle ; l'extrémité de sa queue est munie d'une raie noire, et le dessous de son ventre jaunâtre avec quelques mouchetures noires assez clair semées.

L'émérillon.

L'émérillon est plus petit que l'épervier et la crécerelle ; il a les yeux et les pattes jaunes, le dessus du dos et. des ailes gris foncé avec de petites taches rousses, et le dessous de la gorge blanc sale.

Beaucoup de personnes donnent le nom d'émouchet à l'émérillon, à la crécerelle et à l'épervier ; ces trois oiseaux de proie ont à peu près les mêmes mœurs.

La pie-grièche.

La pie-grièche est le plus petit des oiseaux de proie ; elle est à peine de la grosseur d'une grive, elle a un fort bec crochu, la queue longue et les ailes courtes, ce qui la fait voler par bonds ; son dos est gris cendré ; une raie noire lui prend derrière le bec pour finir à l'oreille ; la poitrine et le ventre est d'un blanc sale, l'extrémité des ailes est brun avec une ou deux petites taches blanches.

Les pies-grièches sont communes dans nos pays où elles vivent en grandes campagnies avec le père et la mère.

La femelle dont les couleurs sont moins accentuées que celles du mâle pond cinq à six œufs dans un nid de mousse et d'herbe sèche qu'elle fait entre 3 branches d'un arbre ; elle nourrit ses petits longtemps même après qu'ils ont quitté leur nid.

Cet oiseau est très-belliqueux et ne craint pas de s'attaquer à plus fort que lui.

La pie.

La pie a les épaules et le ventre blancs, le reste de son plumage est noir à l'âge de 2 ans. Les plumes de sa queue s'allongent et deviennent d'un noir vert de soie. La pie a le bec fort, les pattes longues, les ailes courtes comme l'épervier, aussi ne vole-t-elle pas bien ; certaines personnes prétendent que le mâle a la langue plus noire que la femelle ; nous croyons que c'est une erreur et que chez la pie comme chez les autres oiseaux, les couleurs du mâle sont plus vives que celles de la femelle.

La pie fait tous les ans une ponte de 6 à 8 œufs ; c'est sur le haut des arbres bien en vue ou à hauteur d'homme dans un endroit caché dans un taillis de huit à dix ans par exemple, que la pie construit son nid avec des brindilles de bois et d'épines entrelacées ; l'intérieur est enduit d'une forte couche de boue, et le dessus est recouvert avec des épines de façon cependant à laisser une petite ouverture pour entrer et sortir.

Les petites pies sont très-faciles à élever ; on les apprend à parler. La pie vit de 15 à 20 ans.

Cet oiseau est très-intelligent et très-défiant ; par ses

cris il avertit les autres animaux de l'approche du danger. Lorsque l'on parvient à démonter une pie ou un geai, il est facile d'arriver à en tuer un grand nombre, pour cela après s'être caché dans un bois, on fait crier l'oiseau en le pinçant ; aussitôt pies et geais arrivent se percher au dessus de vous et ne tardent pas à tomber sous vos coups. La nuit et par un grand vent, on peut encore en détruire beaucoup à la perchée.

La pie détruit beaucoup de petits perdreaux et faisandeaux plutôt par méchanceté que pour les manger, elle vit de charogne et de toutes espèces de fruit.

Le geai.

Le geai que l'on nomme ricard à cause de son cri, est moins commun dans nos pays que la pie ; il se plaît dans la solitude ; son plumage est roussâtre, avec une petite raie noire de chaque côté du bec et un peu de blanc sous la gorge ; chaque aile est ornée de petites raies d'un beau bleu. Il a les pattes couleur de chair, la queue plus courte que celle de la pie, les ailes plus longues. Quand le geai est en colère, il redresse les plumes de sa tête en forme de huppe ; son nid semblable à celui d'une corneille, est généralement posé à hauteur d'homme dans les branches d'un chêne ou sur le haut d'une rochée de charme.

La femelle pond de quatre à six œufs tachés à peu

près pareils, mais moins gros que ceux de la pie. Les petits geais sont aussi faciles à élever et à dresser que les petites pies.

A la saison des amours, le geai contrefait le cri de toute espèce d'animaux, tels que la volaille, le chien et même le chat. Il est très-curieux, le moindre bruit l'inquiète, il est moins malin et moins redoutable que la pie. Le geai vit de charogne, de glands, de châtaignes et de fruits.

La corneille.

On compte dans nos contrées plusieurs espèces de corneilles. La petite corneille, à peine de la grosseur d'un pigeon biset, habite les clochers, les forts, tel que le Donjon de Vincennes où elles sont surtout très-nombreuses. Elle fait son nid dans les fentes et dans les trous des murs.

La corneille commune de la grosseur d'un pigeon ramier et d'un mètre environ d'envergure, est ordinairement noire. Aux environs de Paris, on en voit une autre espèce dont le ventre est argenté, et toujours occupée à chercher sa nourriture dans les tas de gadoue, les débris de boucherie et les pièces de terre fraîchement fumées.

La corneille a un gros bec, de fortes pattes noires et fait de grands dégats dans les blés tardivement semés qu'elle déterre et qu'elle mange. Elle se nour-

rit encore aussi bien de chair fraîche que de charogne ; elle détruit beaucoup d'œufs et de gibier
blessé ou mort.

Pour abattre des corneilles perchées sur un arbre,
il faut essayer de les approcher sans chien avec le
fusil sous le bras en tournant la tête et en ayant
l'air de ne pas les voir ; alors, quand on se trouve
à portée, on se retourne brusquement, on ajuste et
l'on tire. Certaines personnes croient que la corneille sent la poudre, c'est une erreur ; seulement
elle sait parfaitement reconnaître un chasseur.

L'hiver, les corneilles abondent dans nos pays ;
on les voit arriver en grande quantité vers le mois
de novembre ; beaucoup s'en retournent au mois
de février, mais il en reste toujours qui font leur
ponte dans nos forêts.

La corneille fait son nid sur les chênes dans les
bois et en plaine sur les arbres des routes ; il est à
peu près construit comme celui de la pie mais avec
moins d'art ; le fond est garni de quelques racines
et écorces fines, et le dessus n'est pas recouvert.

La femelle pond de 4 à 5 œufs plus gros que ceux
de la pie.

Les corneilles détruisent beaucoup d'œufs de faisan et de perdrix ; aussi est-ce principalement à
l'époque de la ponte qu'il faut leur faire la guerre.
Comme les pies, on les tue à la perchée la nuit par
le clair de lune et par un grand vent. L'hiver on

les prend au piége ou avec des cornets en glues au
fond desquels on met de la viande et que l'on place
sur des tas de fumier ou par terre. On peut encore
les empoisonner avec de la noix vomique.

La corneille encore jeune est bonne à manger ;
on la met comme la buse dans la soupe au chou ;
ce qui lui donne un très-bon goût. Il ne faut pas la
plumer, mais la dépouiller en laissant la tête attachée après la peau.

On peut aussi manger la corneille en daube ; cuite
à petit feu, elle n'est pas mauvaise à manger.

OISEAUX DE PROIE NOCTURNES.

Les oiseaux de proie nocturnes ainsi appelés parce
qu'ils ne chassent que la nuit, ne voient clair que
le soir à la nuit tombante, le matin à l'aurore et le
nuit par le clair de lune ; c'est alors qu'ils surpren-
nent le gibier endormi. Ces oiseaux ont l'ouïe d'une
finesse remarquable ; leur bec court et très-fort est
entouré de petites plumes qui retombent ; quand ils
sont en colère ils le font craquer et produisent ainsi
un espèce de sifflement assez semblable à celui de
la couleuvre ; leur tête et leurs yeux ressemblent à
ceux du chat ; leurs pattes très-fortes sont garnies
d'un épais duvet ou de plumes jusqu'à l'extrémité

de griffes très-aiguës ; ils peuvent à volonté tourner en avant leur doigt de derrière.

Ces oiseaux ont un cri semblable au miaulement du chat ; ils se plaisent à voler au-dessus et souvent même très-près des personnes qu'ils rencontrent.

On les prend aux piéges tendus sur des poteaux ou des arbres morts, que du reste ils choisissent de préférence pour se poser. Ils se couchent le jour dans les rochées de chênes feuillus ou dans les vieux bâtiments. Les femelles font ordinairement leurs œufs dans un vieux nid de pie ou de corneille.

Le duc.

On compte trois espèces de ducs : le grand duc, le moyen duc ou hibou, et le petit duc.

Le grand duc très-rare dans nos contrées a environ 1 mètre 65 centimètres d'envergure ; c'est le plus fort des oiseaux de proie nocturnes ; il a la tête de la grosseur de celle d'un chat avec de très-grands yeux transparents et le regard fixe, deux aigrettes ressemblant à de petites cornes sont placées sur le sommet de sa tête ; ses oreilles sont profondes ; son plumage mêlé de plumes jaunes et grises est entre-coupé, vers le bout des ailes et de la queue de ban-delettes brunes.

Cet oiseau habite ordinairement les vieux bâti-ments, les vieux clochers et les rochers ; de tous les oiseaux de proie nocturnes, le duc est celui qui voit le plus clair le jour ; il est peu fécond.

Le *moyen duc* ou hibou très-commun dans nos contrées, ne diffère du grand duc que par sa taille ; il est de la grosseur d'un pigeon ramier, son envergure est d'un mètre environ.

Le *petit duc* moins commun que le moyen duc est de la grosseur de la petite chouette ; il est un des plus petits oiseaux de proie nocturnes.

Le chat-huant.

Le chat-huant est à peu près de la grosseur d'un moyen duc ; il a une grosse tête de chat, les yeux fixes et bleuâtres, le cou court et la queue longue ; son plumage est jaune sale parsemé de petites taches brunes moins visibles sur la poitrine que sur le dos :

Le chat-huant habite dans les bois les arbres creux et les rochées très-garnies de feuilles.

L'effraie.

L'effraie est de la même grosseur que le chat-huant ; il a la queue un peu plus courte, les yeux bleuâtres et entourés d'un cercle de plumes blanches semblables à des poils, le dessus du dos et des ailes jaunes avec quelques raies grises et quelques points blancs et bruns ; la poitrine et le ventre blancs et

marqués de noir. Son envergure est de 93 centimètres; on remarque sur ses ailes et sur sa queue
cinq raies grises très-bien formées. La première
plume du bout de l'aile est un peu plus courte que
les autres.

Cet oiseau fait aussi la guerre au gibier, mais
principalement aux souris et aux rats qu'il poursuit
dans les granges et les greniers. Il habite les vieilles
carrières, les vieilles masures, les églises et surtout
les cimetières. Comme la chouette, la nuit il vient se
poser sur les maisons et fait entendre son cri affreux.

L'effraie pond ses œufs dans les trous des murs
ou dans les greniers sous les chevrons et sous les
égouts.

La chouette.

Il y a deux espèces de chouettes : la grosse et la
petite.

La grosse chouette moins commune dans nos
pays que la petite est à peu près de la grosseur de
l'effraie; sa couleur est plus foncée, et ses taches
brunes sur un fond jaune sont plus larges, elle a les
yeux jaunes et entourés d'un cercle de petites plumes
noires et blanches, elle a le bec crochu et les pattes
garnies de duvet jusqu'aux doigts qui sont eux-mêmes légèrement recouverts de petites plumes fines.

La petite chouette, très-commune dans nos contrées, est de la grosseur d'un petit duc et de la grosse

grive; elle a la tête plate, le bec entouré de petites plumes qui retombent et semblables à du poil, les yeux jaunes pâles et fixes, la queue et les ailes courtes; les pattes et les doigts garnis de duvet; son plumage est brun fauve, mélangé de taches blanches; on remarque 5 raies sur sa queue.

La chouette habite les carrières, les masures, les pilles de bois et les tas de pierres; elle voit plus clair le jour que les autres oiseaux de son espèce.

FIN.

TABLE DES MATIÈRES

FIN DE LA TABLE DES MATIÈRES.

CAMBRAI. — IMPRIMERIE DE RÉGNIER-FAREZ, PLACE-AU-BOIS, 28.

CAMBRAI
Imprimerie
DE A. RÉGNIER-FAREZ.